奥妙科普系列丛书

DISCOVERY

让青少年着迷
的科普书

彩图珍藏版

人类的
母巢地球

刘醒◎编著

吉林出版集团股份有限公司·全国百佳图书出版单位

图书在版编目 (CIP) 数据

人类的母巢地球 / 刘醒编著 . -- 长春：吉林出版
集团股份有限公司，2013.12（2021.12 重印）
（奥妙科普系列丛书）
ISBN 978-7-5534-3904-4

Ⅰ.①人… Ⅱ.①刘… Ⅲ.①地球—青年读物②地球
—少年读物 Ⅳ.① P183-49
中国版本图书馆 CIP 数据核字 (2013) 第 317307 号

RENLEI DE MUCHAO DIQIU

人 类 的 母 巢 地 球

编　　著：	刘　醒
责任编辑：	孙　婷
封面设计：	晴晨工作室
版式设计：	晴晨工作室
出　　版：	吉林出版集团股份有限公司
发　　行：	吉林出版集团青少年书刊发行有限公司
地　　址：	长春市福祉大路 5788 号
邮政编码：	130021
电　　话：	0431-81629800
印　　刷：	永清县晔盛亚胶印有限公司
版　　次：	2014 年 3 月第 1 版
印　　次：	2021 年 12 月第 5 次印刷
开　　本：	710mm×1000mm　　1/16
印　　张：	12
字　　数：	176 千字
书　　号：	ISBN 978-7-5534-3904-4
定　　价：	45.00 元

前言

Foreword

　　地球是人类繁衍生息的家园，有人类"母亲"之称。亚里士多德首次提出了"地球"这个名词，西方人称地球为盖亚，即大地之神，众神之母的意思。但地球来自哪里却一直是争论不休的问题，是盘古开天辟地创造了地球还是上帝用7天时间创造了地球？一年是365天固定不变的吗？……诸如此类的问题时常萦绕在我们的脑海。

　　地球内心更是一个神秘的世界，据最新数据统计，地心最高温度可达 6800℃。外太空可能存在比人类更加聪明的外太空人，那么地心有没有可能也存在人类所不知道的"地心人"呢？

　　地球为人类生存提供适宜的环境：温度、水、阳光……但人类的生活、生产活动同样影响着地球。地球并非一直都是一个好脾气的母亲，她也有爆发的时刻，如火山、海啸、龙卷风，等等。这既是地球对人类肆意破坏的反抗，也是对人类的警示！

　　本书将揭开地球神秘的面纱，带领你领略地球的神奇。

目录

第二章　地球奥秘知多少

目录

第四章　地球并不温和

第五章　保护地球

目录

第一章
认识我们的家园

　　2012 年 12 月 21 日，玛雅人预言中的世界末日在无数人的焦急等待中慢慢地过去了，我们依然生活在这片蓝色的土地上。众所周知，地球是目前人类所知宇宙中唯一有生命体的天体。它蕴含的丰富的自然、矿物资源为人类及动植物的生存提供了条件。也许，在某个时候，有些问题会不由自主地浮现在脑海中。比如地球从哪里来，地球是从自古就有的吗？这一章我们就从认识地球开始。

美丽的传说——神造地球

每一个孩子都有母亲，地球有母亲吗？是谁创造了地球？

《三五历纪》记载：很久很久以前，那时候还没有天和地，整个宇宙就像一个大鸡蛋，里面伸手不见五指，有一个叫盘古的人就住在这里。可是这里没有任何有生命的东西，没有人陪他聊天、玩耍，盘古非常无聊，就打了一个盹。盘古这一盹还不是普通的长呀，他整整睡了一万八千年。这一天，他睁开眼睛，发现周围还是黑咕隆咚的什么都看不见，非常生气，随手抓起身边的一把利斧。别小瞧了这把斧子，正是有了它，才有了我们现在生活的地球。正在生气的盘古，抓起斧子朝着面前的黑暗猛劈过去，只听"轰隆"一声巨响，"大鸡蛋"被劈成了两半。一些轻飘飘的、透明的东西徐徐上升，向四面八方扩散开，渐渐形成了蔚蓝的天空；而那些质量较重的、混浊的物体在自身重力的作用下，快速地沉降下去，聚成堆儿就变成了大地。盘古乐了，高兴过后，他担心天地再合在一起，自己会再被困在一片黑暗之中。于是他伸展四肢，站了起来，头顶蓝天，脚踏大地。天每天增高一丈，地也随之加厚一丈，他的身子也每天长高一丈。时间如白驹过隙，又一万八千年过去了，天升得非常高，地变得极厚。他躺在柔软的大地上，望着遥远而蔚蓝的天空幸福地睡着了。这一次，他再也没有醒过来，神奇的一幕发生了，只见他呼出的气变成了云雾，声音变成了轰隆隆的雷霆，两只眼

地球

睛分别变成了太阳和月亮，眼泪变成了甘雨滋润着他热爱的这片土地，血液变成了奔腾咆哮的江河和海洋，四肢化成了支撑天空的四根大柱子，身体上的毛发化成了花草树木，躯干分别变成了起伏的高山和平原……盘古创造了天地，造就了世界万物，让天与地充满生机。

❈ 地球

盘古开天辟地是中国的传说，而在西方国家则流传着这样的传说——"上帝创造了地球"，《圣经》里也记载有上帝6天创造世界的神话故事。爱尔兰一个大主教乌索尔曾宣称：地球是在公元前4004年10月23日上午9时被上帝创造出来的。

有一天，无聊的上帝出来散步，不知不觉就来到了一片空荡荡的空间。这里没有鸟语花香、更没有人间烟火。于是这位伟大的上帝大声一喝："光，快出来见我！"于是，一道耀眼的光芒照亮了整个空间。上帝觉得光虽然好，但人总要休息，于是他大手一挥将光与黑暗分开来。

❖ 地球

上帝有些累了，打了一个盹，就到了第二天。哎呦，呼吸有点困难，这片空间里没有空气是不行的。于是，上帝花费了一天的时间从自己的宫殿里运来了足够的空气。

第三天，上帝在这片空间里快乐地翻跟头，可翻来翻去，他都分不清楚哪是上哪是下。于是，上帝将穹窿的一方称为天，另外一方就是地。汗水滴落在土地上，形成了水，可这些水零星地分布着，于是上帝又将水聚集成海洋，裸露的部分则为陆地。可爱的上帝在光秃秃的土地上种满了花草树木，又在海洋里撒满了各种各样的鱼儿。

第四天，虽有了光明，可是这些光有些调皮，总爱四处游荡。于是，上帝在天上创造了两个物体，能让光均匀地普照大地，白天出现的叫太阳，晚上出现的叫月亮。为了避免太阳与月亮孤单寂寞，在每个月的下半月会让他们稍聚一会儿。

第五天，上帝有点想念自己的小跟班了，没有了他的唠叨还真有冷清，于是上帝大手一挥，天空中飞过一群群各种各样的小鸟、树林里走动着各种动物……整个大地充满了勃勃生机。

第六天，上帝心想："我虽然创造了世界和万物，但他们没有灵魂，怎么能铭记我的恩德呢！"于是，上帝造出了人，分男人和女人，让他们繁衍生息，也让自己的功德千秋万代传下去。

第七天，看着脚下的情景，上帝脸上带着满足而略显疲倦的笑容。这就是所谓的"累并快乐着"吧。上帝决定好好地休息一番，于是他躺在洁白的云朵上进入了甜蜜的梦乡。

知识小链接

《三五历纪》，又称《三五历》，作者是三国时期吴国人徐整。这本书是最早记载盘古开天传说的一部著作。书中的内容大多是三皇以来的故事。这本书已丢失，只有部分内容见于《太平御览》《艺文类聚》等书中。

❖ 地球雕塑

星云假说——科学家解释地球

地球到底从哪里来，科学家用星云假说来解释。

974 年，中国天文学家戴文赛根据天文观测的实际资料并吸收各家假说之长，提出了关于太阳系形成的看法，即戴文赛假说。他研究的成果被认为是星云假说研究方面的一个突破，标志着中国对太阳系起源的研究进入了世界先进行列。什么是星云假说？星云假说跟地球的形成又有什么关系呢？

星云假说是德国哲学家康德在31岁时提出的，用宇宙起源论否定了宇宙起源的神创论，用科学代替了蒙昧的神话和传说。星云假说从理性的方面解释了地球和太阳系的产生过程以及在此过程中留下的特征，比较容易被人们接受、认可。

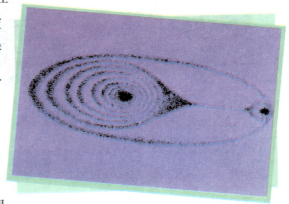

恩格斯对于康德的星云假说给予了高度的评价，他认为正是星云假说的出现，才将当时"僵化的自然观打开了第一个缺口"。

康德在《宇宙发展史概论》一书中详细地介绍了星云假说：太阳、行星、卫星、彗星以及数十万颗小行星组成了庞大的太阳系家族，太阳是太阳系的族长，地球是太阳系的成员之一。在太阳系形成之前，

◆ 康德

整个宇宙中充满了基本微粒。在引力的作用下，密度较大的颗粒将周围区域中质量较小的颗粒聚集起来，形成团块。其中，较大的团块成为这个团块的引力中心，不断吸引周围的微粒和小团块，最后团块越来越大，于是形成了现在的太阳。同时，斥力使凝聚起来的团块发生旋转运动，一部分被团块甩开的微粒围绕中心做圆周运动。这些微粒又纷纷各组家庭，形成小的引力中心，形成了一个个形态和特征各异的行星，其中一颗就是地球。这些行星绕太阳自行运转或公转。

知识小链接

日心说，也称地动说。是由波兰天文学家哥白尼提出来的。他认为太阳是银河系的中心而非地球。日心说的出现，打破了居于统治地位的地心说，实现了天文学的根本变革。

古希腊天文学家托勒密提出了地心说，波兰天文学家哥白尼提出了日心说，开普勒计算出地球等行星的运动轨道，牛顿用万有引力学说解释了地球和其他行星围绕太阳运动的原因，18世纪康德的星云假说……这些是人类探索地球奥秘的轨迹。如今200多年过去了，康德的星云假说经受住了时间的考验。

大部分科学家不但认可了星云假说，而且努力解决星云假说的遗漏或缺失。例如拉普拉斯，他于1796年出版《宇宙体系论》一书，详细解说了太阳系如何由一团气体星云形成的问题，弥补了星云假说的不足，因此星云假说又有了另外一个名

❖ *星云假说*

字，那就是康德—拉普拉斯星云假说。

随着科技的发展和进步，人们已经告别了用肉眼观测天体的时代，天体观测工具快速地更新换代，不同的观测工具满足了人类研究地球的需求。如射电望远镜、太空望远镜、空间探测器等，这些设备帮助人类获得了丰富的观测资料。新资料的搜集促使产生了一些新的地球起源的观点，比如地球从太阳中甩出来之说、地球由太阳的一颗孪生伴星碎变而成等。至于哪一种假说更为贴切事实，仍需要科学家的不断努力和探索。

地球有多大了

生老病死是人不可逆转的规律，地球有生老病死吗？

玛雅人把公元前 3114 年 8 月 13 日尊为"创世日"，犹太教认为公元前 3760 年是地球诞生日，而希腊的神学家们则认为地球诞生于公元前 5508 年，伟大的科学家牛顿根据《圣经》推测出地球已经 6000 岁了……中国权威的工具书《中国大百科全书》则认为地球的实际年龄已经有 46 亿年了。他们是如何计算地球的年龄的呢！

对于地球的年龄，在科学界有两种不同的说法。第一种是按照地球的地质年龄计算：从地球上地质作用开始计算，经过几亿年的演变，直到现在，大约经历了 46 亿年，也就是说地球已经 46 亿岁了。第二种是按照地球的天文计算：以地球从原始的太阳云中聚成一颗行星到目前为止，已有 50 亿年。显而易见，地球的天文年龄要大于它的地质年龄。

到底哪一个年龄是最接近事实呢？其

知识小链接

埃德蒙多·哈雷，20 岁毕业于牛津大学王后学院。自此之后，他不愿再待在学校里死读书，在圣赫勒拿岛建立了一座临时天文台，观测天象。在这里他编制了第一个南天星表，并正确预言了彗星（这颗彗星就是哈雷彗星）作回归运动。发现了天狼星、南河三和大角这三颗星的运行，及月球长期加速度现象。

实不管是 46 亿年还是 50 亿年，这些都是科学家们前赴后继研究的结晶。

目前，最新的计算地球年龄的尺度是地球内放射性元素和它蜕变生成的同位素。1904 年英国物理学家卢瑟福提出用放射性同位素来测定地球年龄的方法。因为放射性元素在裂变的时候，不受外界条件的影响，测定方法较为合理，结果也比较客观准确。

❖ 地球

以放射性元素铀为例，铀的原子量为 238，每年有七十四亿分之一克裂变为铅和氦，也就是说每经 45 亿年，铀的质量就会减少一半。而岩石组成了地壳，通过计算出岩石中铀和铅的含量，得知地壳的年龄大约为 30 亿年。但是，根据地震层析成像的研究发现，地球内部结构主要分成地壳、地幔和地核 3 个圈层，也就是说地壳是地球经过很长一段时间才演变而成的，加上这段时期，地球的年龄大约为 46 亿年。

在同位素计算地球年龄之前，无数科学家为此付出了毕生的心血。最早

尝试用科学方法探究地球年龄的是英国天文学家哈雷，他采用的计量尺度是海洋中的盐度。他认为海洋中的盐来自大陆的河流，根据全世界河水每年流入海洋中盐分的数量，去除海水现有的盐分总量，计算出海洋形成的时间，大约为 1 亿年。海洋出现于地球之后，这是被公认的事实，所以只能说地球的年龄要超过 1 亿年，但海洋晚于地球多少年出现的呢？没有人知道，估计大约为 2.5 亿年。很快，就有人发表不同的看法，认为这样计算是不正确的，忽略了最重要的也是最关键的一个因素，那就是海水中的

盐分会由于各种各样的原因消耗掉，海水盐分总量的准确值根本无法计算，由此得出来的结论肯定也是不准确了。就好比用一个错误的假设前提，非要推出一个正确的结论，根本不太现实。

英国地质学家赫顿在《地球论》一书当中，第一次公开提出地球的年龄要远远大于《圣经》中所说的几千年。他利用海洋沉积岩的厚度来计算地球的年龄。他认为大约需要3000～10,000年的时间，才会形成1米厚的沉积岩，也就是说现在地球上最厚的沉积岩有3亿～10亿年。同哈雷的计算方法一样，沉积岩形成于地球之后，至于晚了多少年，无法计算，因此使用这种方法依然不能计算出地球的准确年龄。

天文学家、地质学家都被这个问题难住了，物理学家开始另辟蹊径。英国物理学家汤姆生经过一番研究与琢磨之后，首次用物理学观点探索了地球的年龄。当然这个物理学观点并不是凭空想象出来的，他的理论依据是星云假说。假定地球形成初始是炽热的，以后温度逐渐降低，直至凝固。然后根据热传导原理计算出的地球的年龄为2000万～4000万年，这个年龄是地球由液体冷却凝固演化到如今的状态所需的时间。相对于2.5亿年、10亿年，汤姆生推测出来的地球还是一个蹒跚学步的幼儿。

不管是最早的，还是最新的，只有计算的数据最接近地球的实际年龄才是最好的。经过后来无数人的实践检验，最新的放射性同位素测定法被认为是测定地球年龄的最佳方法。于是，科学家们开始在全世界范围内展开总动员，寻找那块最老的沉积岩。

终于在格陵兰岛西部的戈特霍布地区找到了一块最古老的片麻岩石，它被命名为阿米佐克，其年龄约有 38 亿岁。但是，问题又出现了，因为这块岩石同样出现在地球诞生之后，不能代表地球的整个历史。

既然从地面上找不到有力的证据，科学家们开始把眼光转向太空。他们利用宇宙飞船取自月球表面的岩石标本，测量出岩石中钨—182 同位素的数量，估算出月球的年龄在 41 亿～ 46 亿年之间。根据地球形成的理论——星云假说，月球与地球大约是同时间内凝结而成的，所以科学家认为地球是在 46 亿年前形成的。但这只是科学家的推测，并没有直接的证据来证明。所以，年轻的我们还是有机会解决这道困扰了数代人的难题的。

Part1 第一章

地球能天长地久吗

牛顿曾耗费晚年的精力研究《圣经》，他认为 2060 年将会发生世界大战，然后是瘟疫，耶稣将再次降临。这是真的吗？

全球气候变暖，两极冰川不断融化，海洋水位不断上升……世界各地异常自然灾害的不断出现，使人不得不相信即使没有太阳的大爆炸，人类自己也会走向灭亡，只是时间早晚的问题。

科学家发表了不同意见，他们说影响地球寿命的外来因素很多，人类只是其中微不足道的原因之一，影响最大的还是太阳，因为太阳是离地球最近的恒星，供应地球所需要的一切能源和动力，太阳就是地球源源不断的后勤

◆ 地球

供应部门，如果它有个三长两短，地球肯定会受到影响。所以，地球未来的命运与太阳息息相关。如果太阳没有异常变化，那么地球可能会在相当长的时间内存活下来。一旦太阳出现异常变化，地球恐怕也难逃寿终正寝的命运。

据地质学家推算，太阳已经发光 50 亿年了，在主序星阶段已经到了中年期。太阳由里向外分为太阳核反应区、太阳对流层及太阳大气层，中心不停地进行热核反应。但它像其他恒星一样，有自己的生命史，不会永远光辉灿烂的，终有一天它的热情会释放完毕，冷却下来，最后变成一颗死寂的黑

暗星体。

太阳的能量来自于它的热核反应，其中 22 亿分之一的热量通过辐射到达地球，是地球光和热的来源。太阳的生命周期包括引力收缩、主序星、红巨星以及致密星等阶段，除主序星阶段外，其他阶段都不太稳定，无法提供地球所需的光和热。主序星是太阳最为稳定的时期，大约持续 100 亿年。科学家判断太阳的热核反应足以维持 100 亿年，而现在太阳正处于身强力壮的中年时期，不会出现地球大爆

炸，所以今天的人类大可不必杞人忧天。如果太阳到了红巨星阶段，意味着地球也即将毁灭，人类文明随之结束，开始新的文明史。红巨星阶段的太阳会逐渐冷却下来变成橙色，然后再变成耀眼的红色，光度却越来越昏暗，直至一点点熄灭。辐射到地球的热量也会随之减少，地球慢慢冷却，空气会液化，变成冰封的世界。到那时，人类就像是一个渺小的存在，像古化石一样被冰封。

❖ 地球

自 20 世纪 30 年代一些科学家发现太阳内部热核反应的秘密后，他们认为地球可能要早于太阳而消失。但加州福斯福大学天体物理学研究小组认为宇宙还有 110 亿年的日子，这个观点得到了大多数人的认同。不久，他们又提出了新的研究发现：宇宙以超乎我们想象的速度膨胀，在大崩塌之前，宇宙至少还有 240 亿年的寿命。其实，不管是 110 亿年，还是 240 亿年，对我们来说都是一个遥远的距离。在那一天到来之前，人类文明已经发展到了我们无法想象的空间，也许人类已经能够在月球上生存，或者发明了瞬间转移到其他星球的交通工具……

Part1 第一章

谁夺去了地球的**寿命**

看完《天地大冲撞》这部影片，不由担心在宇宙中是否就存在这样一颗足以毁灭地球的彗星呢！

中国在 2000 多年前就有"天圆地方"说法。先辈们因为生活空间所限，看到远处的天空是没入大地，而每一块土地是方方正正的，于是他们凭自己眼睛所看到的来分析和判断地球的形状。虽然有人不同意这一说法，但是都有一个相同点，那就是天在上，地在下，地是根。

哥伦布在西班牙王室的支持下，先后 4 次远航，终于用事实证明地球是球形的。其实早在公元前 530 年，希腊科学家毕达哥拉斯最早提出大地是球形的论断，因为没有充足的证据被认为是谬论。伟大的哲学家亚里士多德在观察月食时发现，太阳光被地球遮挡后，地球留在月亮上的影子是圆弧形的，于是，他认为地球是球形的。

❖ 地球

人造卫星升空后，人们通过人造卫星返回的信息，加上电子计算机的运用和国际间的合作，精确地测量出了地球的大小和形状。地球是一个两极略扁的不规则的椭球体，重约 5.9742×10^{24} 千克，平均赤道半径为 6378.14 千米，极半径比赤道半径短 22 千米，赤道周长是 40,075 千米，子午线方向的周长是 39,941 千米。并且南北极的地势并不一样，北极地区约高出赤道 18.9 米，南极地区则比北极低 43 ～ 49 米。

绝大多数的彗星位于海王星轨道以外的地方，质量小，即使和地球相撞也不会对地球产生多大的影响。但部分科学家认为太阳附近可能存在一个天体，它的强大引力将会引起众多彗星向内行星靠近，大约 10 亿颗彗星在太阳系内犹如脱缰的野马"横冲直撞"，地球及其他行星都有可能成为这些彗星的"靶子"。即使这样，彗星要撞向地球也不是件容易的事情。首先他们要穿过土星和木星的引力构筑的强大防线；其次，地球太小了，即使突破了，他们也极有

❖ 从宇宙中看到的地球

可能投入太阳的怀抱。质量较小的彗星在靠近地球之前会气化在空气中，不会对地球产生影响。假如，与地球相撞的彗星的质量、体积足够大，轻者地球生物将灭绝，生态剧变；重者地球将彻底崩溃，"粉身碎骨"。许多年过去了，科学家想象中的这个天体至今并没有被发现。

彗星有各自运行的轨道，不会轻易受到其他天体的影响。那么来自地球之外的"客人"——陨石，会不会对地球产生毁灭性的灾难呢？每天降落到地球的地外物质约 100 ～ 1000 吨，但大约只有 1% 可降落到地面成为陨石，绝大部分在穿过大气层时已经燃烧殆尽；而能被发现并回收的陨石则更少，因为很多陨石常常陨落于海洋和人迹罕至的极地、沙漠、高山与森林。千万别小看了这些碎块，它们真的会带给地球毁灭性的灾难。

距今 6500 万年前的白垩纪末期，曾经有一颗直径 10 千米左右的大陨星拜访地球，陨星爆炸产生了威力相当于 10 亿枚氢弹的超猛烈爆炸。爆炸所产生的高温、高压、等离子体环境中的石灰岩等与星际物质相互渗透，形成浓厚的尘埃云，像一块巨大的黑布包裹住地球，引起地球生物大规模灭绝死亡，恐龙就是其中之一。

再来说说美国巴林杰陨石，这颗陨石大约于 4 万年前拜访地球，重达 10 万吨，坠落的时候形成了一个深达 170 米、直径 1240 米的大坑。类似这样的陨石坑在地球上还有很多，比如中国吉林陨石、中国新疆大陨铁、澳大利亚莫其逊碳质陨石等，只不过大多在人迹罕至之处，而且经过历史变迁，已经面目全非了。即使如此，聪明的科学家还是凭借蛛丝马迹找到了一些陨石坑，比如大西洋中部洋底的一个直径达 1000 多千米的陨石坑，还有深埋在南极冰层下的巨大的陨石坑群，有的直径达 300 多千米。

1908 年 6 月 30 日，俄国西伯利亚上空突然出现一个大火球，比太阳还亮，同时发出震耳欲聋的爆炸声，一团蘑菇状浓烟蹿至 20 千米的高空。这次爆炸的能量高达（5±1）×10^{16} 焦，相当于 10 百万～15 百万吨 TNT 炸药，爆炸产生的冲击波摧毁几百平方千米的森林，灼热的气浪席卷整个泰加大森林。在中心地区 3000 米范围内，出现直径 1 ～ 50 米的坑穴 200 多个。爆炸的气浪使西伯利亚东部出现强烈的气流。英吉利海峡彼岸的英国气象中心也监测到大气压持续 20 分钟的上下剧烈波动。圣彼得堡以及澳大利亚、爪哇、华盛顿等地的地震仪都记录到地震波。地震波绕行地球两圈。此事件与 3000 多年前印度的死丘事件、中国北京王恭厂大爆炸并称为世界三大自然之谜。关于爆炸的成因，有外星人降落说，有核爆炸说，有陨星说，其中较普遍的意见是一颗直径约 60 ～ 70 米的小彗星的冰核与地球相遇，下坠到西伯利亚通古斯地区上空爆炸。

意外总是无处不在。1989 年，霍尔特的发现引起了天文学界的震惊和普通民众的恐慌：一颗直径约 800 米的小行星正以每小时 8 万千米的速度向地球逼近。若是这颗小行星撞击了地球，其爆炸将会为地球带来毁灭性的灾难，绝不亚于 6500 万年前的那场灾难。显然上帝还没有放弃地球，只是一场虚惊，小行星最终在距地球 72 万千米的空中与地球失之交臂。正在狂喜的天文学家们，心头又涌上了凝重。

Part1 第一章

四季与地球公转

> 因为有了地球公转，才会有四季分明，春暖花开，夏日炎炎，秋高气爽，冬雪皑皑。

哥白尼在《天体运行论》一书中首先提出了地球公转的概念。后来，大量的观测和实验都证明了地球在自转的同时，围绕太阳公转。地球公转的轨道是椭圆的，公转轨道的长半径为 149,597,870 千米，轨道偏心率为 0.0167，公转周期为 1 恒星年，公转平均速度为每秒 29.79 千米，黄道与赤道交角（黄赤交角）为 23° 27'。地球自转产生了地球上的昼夜交替，地球以公转产生了四季变化和五带（热带、南温带、北温带、南寒带、北寒带）的区分。

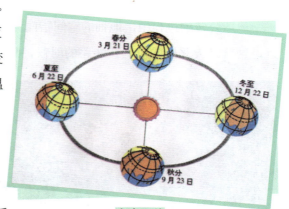

❖ 地球公转

虽然地球绕太阳公转，但是地球公转的中心位置不是太阳中心，而是地球和太阳的公共质量中心。因为地球是太阳系中一颗普通的行星，质量是太阳的 33 万分之一，日地的公共质量中心离太阳中心仅 450 千米，所以通常把地球公转看成是地球绕太阳的运动。

要想了解地球公转，必须知道什么是地球轨道、地球轨道面、黄赤交角、地球公转周期以及地球公转速度等。地球轨道不难理解，就是地球绕太阳公转的路径。这个路径实际上是由无数的点组成的面，这个面就是地球轨道面。在天球上，自转形成了天轴和天赤道，公转形成了黄轴和黄道。天赤道和黄道不在同一平面上，一个在这个平面上，黄道在另外一个平面上，但这两个平面有一个共同的交点，夹角为 23°27′，这个夹角叫作黄赤交角。

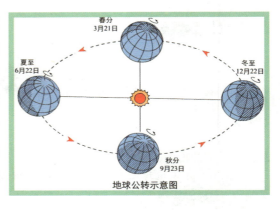

地球公转示意图

虽然地球在绕日公转，但是人类作为地球上的观测者，无法感觉到地球的转动，只能感觉到太阳相对于星空的运动，东升西落。这其实是视觉错误，就像一句俗话所说：眼见未必是实。从科学上来讲，这种现象又称为太阳周年视运动，是地球公转在天球体上的反映。只是太阳周年视运动的轨迹平面与地球轨道平面是重合的，方向、速度和周期均与地球的雷同。故我们才会产生错误的视觉。

地球公转的过程中，地轴的空间指向为小熊星座 α 星，也就是北极星附近，这就是天北极的位置。迷路的时候，只要找到北极星的位置就能找到正确的方向。同时，这也意味着地球在公转过程中地轴是平行地移动的，所以只要地轴与地球轨道面的夹角不变，无论地球公转到什么位置，黄赤交角是不变的（黄赤交角有细微的变化，因变化较小，可以忽略不计）。

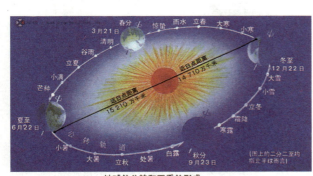

地球的公转和四季的形成

黄赤交角的存在，使太阳直射点在 23°26′S ～ 23°26′N 作周年往返移动。因此每时每刻，地表获得的热量是变化的，随时间和空间而发生变化。昼夜长短和正午太阳高度正是这种变化的最佳写照。假设黄赤交角变大，那么太阳的直射点的位置会超过现在的最北及最南界限（23°26′），导致热带范围扩大；同样极线（66°34′）也会向赤道靠近，导致寒带范围增大。这样造成的最终结果是极地范围的扩大，极昼极夜的范围也会相应增大。

虽然四季的变化与地球公转有关，但决定性的条件是地球必须斜着绕太阳转，

知识小链接

五带指热带、南温带、北温带、南寒带、北寒带，是根据太阳高度和昼夜长短随纬度的变化而将地球表面划分为不同的带。中国大部分地区属于北温带，而广东部分地区和海南等属于热带。

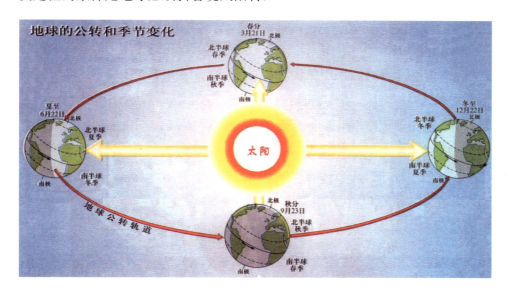

地球的公转和季节变化

也就是黄赤夹角的存在。如果没有黄赤夹角，地球绕太阳垂直旋转，太阳光将永远直射在地球的赤道附近，而其他地方的太阳光线与地平面之间的夹角也是永远不变，所以地球上便不会有四季的变化。

地球上的光和热都是来自太阳。那为什么每个地方的光照和温度都是不一样的，而且同一地方不同季节的光照和温度也是不一样的？其实，这与地球绕太阳倾斜公转有关。下面做一个简单的实验，相信你一看就会明白的。将手电筒的光束垂直照向洁白的纸板，你会发现它投射在纸板上的光斑是圆形的，而且光斑非常亮。将手电筒稍微倾斜一下，你会发现光斑变了，变成了椭圆形，而且越斜椭圆越大，光斑的亮度也有了明显的变化。这就说明，

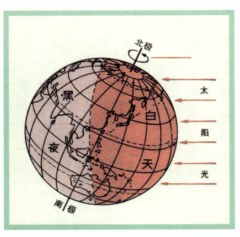

同样一束光，直射时面积最小，热量较为集中；斜射面积变大，热量分散。为什么太阳光直射的地方气温要高一些，而斜射的地方气温要低一些。众所周知，气温是季节的最佳代言人，太阳光直射的地方，将是夏季，而斜射得最厉害的地方，地表获得的热量非常少，将是冬季，这两者之间的则是春季或秋季。

太阳的直射的区域有多大，在哪个区域？下面我们具体了解一下太阳的直射点是如何变化的。太阳公转的日期是一年，一年有 4 个季节。当时间到达 3 月 21 日左右时，太阳光直射在赤道上，这时北半球的阳光是斜射的，正是春季，南半球正好相反进入秋季。当时间到达 6 月 22 日左右时，阳光直射在北回归线上，也就是 23°26′N，于是北半球便进入了夏季，而南半球正是冬季。这是上半年南北半球的季节变化，到了下半年，南北半球的季节正好相反。在 9 月 23 日左右，阳光直射点又回到赤道上，北半球进入秋季，南半球转为春季。12 月 22 日左右时，阳光直射点回到南回归线上，也就是 23°26′S，北半球进入冬季，而南半球则是夏季。一年四季轮替一圈，新的一年，新的四季又开始轮回。

❖ 地球公转轨道与 24 节气

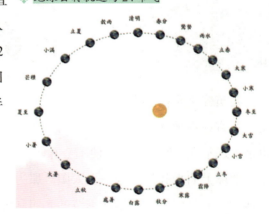

Part1 第一章

大气是怎样形成的

空气中有我们赖以生存的氧气，如果没有了空气，我们还能生存吗？

2013 年 1 月 13 日，北京市气象部门发布了北京首个霾橙色预警。生活在雾霾中的老年人、儿童及身体较弱的成年人开始咳嗽，匆匆而过的行人都戴着大大的口罩。这些雾霾来自哪里？我们赖以生存的大气又跑到了哪里？

吸入氧气呼出二氧化碳，是每个人每天必须做的事情，可是有多少人想过我们现在呼吸的空气来自哪里，又是怎样产生的呢？

我们现在呼吸的大气又叫现代地球大气，是由原始大气经过一系列漫长变化而形成的。清洁的大气是透明、无色、无味、无

❖ 看不见的空气

臭的，用肉眼是观察不到的。大气是由许多物质构成的，其中氧气是人类不可缺少的。

根据《中国大百科全书》记载：大气经历了原始大气、次生大气、现代大气 3 个阶段。原始大气出现于 46 亿年前，也就是说大约与地球同时出现。

一般认为，地球还是一团星际云的时候，大气已经从地球表面渗入地球内部。那时的大气里含量最多的是氢气，约占气体成分的 90%，其次是水汽、甲烷、氨等，氮、氧、二氧化碳是后来才出现的。

地球被一层厚厚的大气层所包围，大气层的主要成分是氮气、氧气、二

《中国大百科全书》，是中国第一部大型综合性百科全书。"文化大革命"结束后，国务院决定编辑出版属于自己的百科全书，并成立了专门的部门——中国大百科全书出版社。1993年《中国大百科全书》第一版出版发行，第一版按学科分类，共74卷。2009年出版第二版，不再按学科分类，共32卷。

氧化碳及稀有气体等。大气层还有另外一个名字，就是大气圈，大气层的空气密度与高度成反比，越高的地方空气越稀薄。有关大气层是怎样形成的，科学家有3种观点，分别为原生说、次生说及原生说与次生说的叠加。

原生说，柯伊伯认为原始大气是原太阳星云中的气体，因进入地球引力范围而被地球俘获。原生大气仅在地球存在数千万年便消失了。

次生说，行星内部物质通过熔融、去气过程，释放的气体逐渐形成大气圈，这时的大气成分与火山喷发的气体相近，主要是水汽和二氧化碳，少量的二氧化硫、硫化氢和其他气体。

地球大气圈的次生起源获得了愈来愈多的证据，例如20世纪60年代利用射电望远镜发现星际空间存在与地球大气圈成分相似的大气圈，这证明了类地行星内部的大气圈起源于行星内部的除气过程；地球内部除气所产生的气体成分和气体量足够形成地球大气圈；地球大气圈的元素与同位素组成与太阳星云气体差异极大；地球大气圈的稀

❖ 雾霾

有气体丰度与太阳星云或太阳的丰度不符，而与组成地球的初始物质——陨石的丰度相一致。

总之，经过了漫长的时期，才形成现在的大气。现在的大气成分也不是固定不变的，如人类砍伐森林使大气中的氧减少；人类生产、生活产生的废气，也会明显改变大气的成分和构成。

Part1 第一章

揭开**地心**的面纱

《地心历险记》这部电影，描述了一个神秘的地心世界！这里有稀奇古怪的生物、美轮美奂的奇观，还有早已消失不见的恐龙……真的有这样的地心世界吗？

地心是地球质心的简称，又称地核，与地壳、地幔共同构成了地球。地核占地球总质量的16%，地幔占83%，而地壳仅占1%。地核位于地球的最内部，位于古登堡界面之下的部分，质量占整个地球质量的31.5%，直径约有6940千米，体积占整个地球体积的16.2%。温度和压力都很高，估计温度在4000～6000℃之间，压力达1.32亿千帕以上，平均每立方厘米重12克。地核包括外核和内核，它们之间的分界面为莱曼界面，深度为5149.5千米。地心主要由铁、镍元素及少量的硅、硫酸组成，外地核内的物质呈缓慢流动的液态，而内地核被科学家认为是固态结构。

根据地震波的变化情况，证明地核分为外核和内核。但地震波的横波不能穿过外核，故科学家推测外核是由铁、镍、硅等物质构成的熔融态或近于液态的物质组成。液态外核会缓慢流动，可能与地球磁场的形成有关（电影《地心毁灭》有地心液态物质停止流动，造成了

◆ 地心探险

一系列灾难）。纵波可以穿透外核，到达内核深处，所以内核可能是固态的。

地球深处具体是什么物质，处于什么状态，科学界还没有统一的说法，众说纷纭。目前在科学界关于地心主要有水晶说、两种物质说及液态地核说3种假说。此外还有黄金核说、铁氧地核说等。

水晶说认为地心由一块巨大水晶组成。此学说缺乏事实依据，有些像科幻故事，已成为历史。

两种物质说认为早期的地球必为液态，由矽酸盐地函和镍 - 铁地核两种物质构成。矽酸盐液体质量较轻，可以漂浮在地心上方，并将热辐射到太空而冷却。而下方的铁熔液被上层溶液隔绝不能直接暴露出来，释热很慢，所以可能到目前仍为液体。然而美国化学家尤瑞则提出了不同的看法，他认为地球一直都是固态的。目前，测定的数据显示铁可以1秒5万吨的速率从地函迁移到地核中去。

液态地核说主张地核是由密度 $9 \sim 11.5 \text{g/cm}^3$ 的物质在地核内部特殊高温与高压下所组成的。1866 年法国地质学家杜布里指出地核为铁所组成，比重高达 $9 \sim 12 \text{g/cm}^3$，呈液状。压力相差较大，液态地核最上部分压力约为每平方厘米 1550 吨，而地心约 3875 吨。温度比较不确定，地质学家根据岩石的导热率估计液态地核的温度约为 5000℃。

地心位于地球最内部，是地球全部质量的中心。它的位置为确定地球表面、大气以及空间位置的相对运动提供了参考系，而且地心的变化与海平面变化、地震、火山以及冰川消退等有密切的关系。但因为地球质量分布不均匀，科学家对地球质心运动的估测精度并不准确，误差范围每年 2 ～ 5 毫米。地球内部是一个高温大熔炉，越接近地心，温度越高，据科学家推测，地心点的温度约为 6000℃。

知识小链接

地壳，地球固体层的最外层部分，岩石圈的重要组成部分，与人类关系最为密切。底部界面是莫霍面。大陆地壳和海洋地壳有明显的不同，而不同地区的大陆地壳厚度相差也很大，从 20~70 千米不等；海洋地壳仅几千米。地壳还可进一步分成不同的层，横向变化也很大。

科学家有两种计算地球质心的方法：一种是考虑整个地球系统，这包括固体地球、冰川、海洋和大气等。另一种则仅针对固体地球。美国航空航天局喷气推进实验室任职的必和必拓董事长安德利用全球定位系统、激光地球动力学卫星、无线电望远镜超长基线干涉以及法国的多普勒卫星涮轨和无线电定位系统 4 项天基观测技术进行观测，并对所得的数据进行组合分析，实现了地球表面的精确定位，精度限制在 1 毫米内。他认为，地球系统中大气和海洋质量的周期性波动并不能引起地球质心的改变，因此，他认为固体地球的质心是更加精确的参考标架。

地核的总质量为 $1.88×10^{21}$ 吨，占整个地球质量的 31.5%。由于地核居于地球的最深处，受到的压力远远大于地壳和地幔部分。在最外的外地核部分，压力已达到 136 万个标准大气压，而核心部分则高达 360 万个标准大气压。这样的压力，人类无法承受，也是人类难以想象的。假如在每平方厘米承受 1770 吨压力的情况下，即使是最坚硬的金刚石也会变得像黄油那样柔软。地核的内核与外核之间还有一条过渡

❖ 年轻人的"地心"之旅

第一章 认识我们的家园

带。根据地震波返回的信息，科学家得知外核是熔融的。从取自其他行星核心的铁陨石来推测，地核的主要成分是铁和镍。

这里所说的"固态"或"液态"已不再是我们平常所说的概念了。因为地核内的物质既具有金刚石那样坚硬不催的"刚性"，又具有像白蜡、沥青那样的"柔性"。这种物质能屈能伸，说坚硬起来比钢铁还要坚硬几十倍，而且还能慢慢变形而不会断裂。

科学家认为地球内部与外部一样，也是一个极不平静的世界，各种物质始终在不停地运动。而且运动跟大气层的气流一样，不仅有水平方向的局部运

❖ 地心之旅

动，而且还有上下之间的对流运动。只不过地核内物质运动的速度非常小，每年仅移动 1 厘米左右。此外，随着科学技术的发展，科学家还了解到地核内部的物质还会发生有节奏的振动，他们猜测这种振动可能是受太阳和月亮的引力影响。

与对太空的研究及发现而言，人类对地球内部的探索与研究还处于初探，对地核的了解还是非常浅薄的。为了揭开地球的神秘面纱，科学家们先后进行了无数的尝试，但未成功。美国科学家将推出一项耗资 100 亿美元的地心探索计划，或许真可以揭开地球的秘密。

Part1 第一章

煤来自哪里

AOMEI LAI ZI NALI

煤主要用于燃料和炼焦，有的煤也可气化或液化。但你知道煤来自哪里吗？为什么它会那么黑呢？

中国是世界上用煤最早的国家，汉代的煤还是稀有、珍贵的物品，主要用来书写。到了明朝，开始出现煤和煤炭一词。20世纪90年代以来煤在中国能源结构中占70％以上，在世界能源消耗上也占1/3。中国煤产量和储量均居世界前列，世界煤产量和储量较多的国家还有美、俄、波、德、英、澳、南非、印度等。煤炭有"黑色的金子""工业的食粮"之称。

煤是由植物遗体在沼泽中堆积埋藏后，经成煤作用转变而成的。

古老的植物的枝叶和根茎在地表常温条件下，经泥炭化作用在地面上形成的一层极厚的黑色的腐殖质。这种腐殖质由于

❖ 煤矸石分选

地壳的沉降运动不断地埋入地下，一直与空气隔绝，而埋藏越深，温度越高，压力越大，经过一系列复杂的物理化学变化，于是形成了黑色的可燃固体矿物，即现在的煤炭。

煤炭的形成需要满足5个条件。首先是有成煤的原始植物，包括低等植物和高等植物。在数千万年前，气候条件适宜，地面上生长着繁茂高大的植

知识小链接

截至 1995 年底，中国煤炭累计探明储量为 10,242 亿吨，其中褐煤占 13％，烟煤 75％，无烟煤 12％。截至 1996 年底，中国煤的保有储量为 10,024 亿吨。

物，即使是海滨和内陆沼泽地带，也生长着大量的植物。其次是泥潭沼泽。沼泽地区的植物的尸体被直接淹没，而高大的乔木可因季节性的暴雨或百年一遇的洪水或海啸等拔地而起，大大小小的植物纠缠在一起，顺流漂浮而下，在浅滩、湾汊搁浅，它们在这里安家落户，又不停地拦截后来者，很快这里就会形成一道屏障。当洪水消退后，这里就会形成堆积植物残骸的丘陵。第三，温度和压力。经过轰轰烈烈的地壳运动，植物残骸就会逐渐地埋入地下，地层越深，温度与压力越大，变质作用的速度越快。第四，时间。煤的形成需要几千万年甚至几亿年。第五，成煤作用。植物残骸在地表累积时要经过碳化作用，形成腐泥或泥炭。在压力作用

❖ 煤的干馏

下，泥炭被压实、脱水、固结而转变成褐煤。在高温的作用下，褐煤又转变成煤。这 5 个条件是形成煤必不可少的。

为什么有的地方煤炭多而有的地方煤炭少呢？煤层厚薄是原生变化和后

❖ 煤炭

❖ 井下割煤机

生变化综合作用的结果，与这地区的地壳下降速度及植物遗骸堆积的多少有关。地壳下降的速度越快，植物的尸体堆积得厚，形成的煤层就厚；反之，地壳下降的速度缓慢，植物遗骸堆积得薄形成的煤层就薄。如果地壳下降的速度小于植物遗体堆积埋藏的速度，沼泽覆水变浅至干枯，煤层也较薄。为什么有的地方需要打很深的井才能挖到煤炭，有的地方不需要呢？那是因为地壳构造运动使原来水平的煤层发生褶皱和断裂，有一些煤层沉降到地下更深的地方，很难被发现、开采，有的又因受到挤压，拱出地表，裸露在地面，比较容易被人们发现。

❖ 煤仓

煤主要由碳、氢、氧、氮、硫等物质构成，直接燃烧会产生大量的二氧化碳、二氧化硫等有毒气体，对空气造成污染，对人类产生危害。煤炭为不可再生资源。煤炭因为储量巨大，价格便宜，炼化技术日趋成熟，已是人类生产生活中的不可或缺的能源之一。

石油从哪里来

石油和煤炭一样，是一种重要的能源。离开了石油，飞机、轮船、汽车等都无法工作。

中国是世界上最早发现和利用石油的国家之一。东汉班固《汉书·地理志》记载了延安一带"有洧水可燃"；西晋张华《博物志》记载了酒泉有"石漆"……北宋沈括在《梦溪笔谈》中首次提出"石油"一词。中国最早的油井大约出现在 4 世纪，主要用来蒸发盐卤制备食盐。当时的钻井工具是非常简陋的，人们使用固定在竹竿一端的钻头钻井，其深度约可达 1 千米。10 世纪时人们已经学会利用竹竿来运输石油，将开采的石油运送到盐井。在国外，石油被称为"魔鬼的汗珠""发光的水"。据古代波斯的石板记录，当时的波斯上层社会开始使用石油作为药物和照明。到了 8 世纪，巴格达人开始使用沥青铺设街道。9 世纪，阿塞拜疆巴库

❖ 石油生成

油田已经可生产轻石油。10 世纪后，巴库的油田每日可以开采数百船石油。

原油是未加工的石油，在透射光下，从无色到淡黄色、黄褐色、深褐色、黑绿色至黑色。原油的丰富多彩的颜色是其所含的胶质和沥青质的含量决定的，颜色越深，所含的这两种物质越多。

原油主要由碳、氢元素组成的烃类化合物和含硫、氮、氧的非烃化合物

❖ 石油桶

构成，具有特殊气味和可燃性。组分主要有油质（现称烃类）、胶质（芳香烃和一些具有复杂元素的芳香烃结构的化合物及非烃化合物）、沥青质（暗褐色或黑色脆性固体物质）。不同化合物具有不同的沸点，所以构成石油的化学物质可以用蒸馏的方法分解。原油作为生产原料，产品有煤油、苯、汽油、石蜡、沥青等。

关于石油是如何形成的，科学界始终没有统一的定论。又因为石油容易流动，人们找到石油的地方，往往不是它的"出生地"。在长距离的转移途中，它原有的成分、性质都可能发生变化，为研究石油成因增加了一个未知数。1763 年俄国罗蒙诺索夫首先提出石油起源于植物，1876 年俄国门捷列夫提出"碳化说"，1866 年勒斯奎劳首次提出石油的有机成因说，认为石油是由古代海生纤维状植物转化而来……19 世纪末，索科洛夫提出"宇宙成因"假说；20 世纪，又有"分子生油说""岩浆说"等……大多数地质学家认为石油和煤、天然气一样，是古代植物体或动物体通过漫长的压缩和加热后逐渐形成的。

❖ 开采石油

石油的生成虽然没有煤炭漫长，但至少也需要 200 万年的时间。最古老的油藏已经 5 亿岁了。石油的形成和煤炭一样，也需要具备一定的条件。石油形成需要 3 个条件：丰富的源岩、渗透通道和一个可以盛装石油的巨大仓库——岩层构造。在全球生产的石油之中，60% 是中生代所形成的石油源岩、黑色页岩，遍布世界各地。在古生代和中生代，大量的植物和动物死亡后，其尸体不断分解，与泥沙、碳酸质沉淀物等物质混合，经变质作用而形成沉积层。沉积物因不断发生化学变化而释放能量，温度和压力随之上升，沉积层变为沉积岩，进而形成石油生成所必须的沉积盆地。石油形成所需的温度范围称为"油窗"。石油形成也是一个非常艰难的过程，温度太低则石油无法形成，温度太高则变成了天然气。故石油形成的深度大都在4～6千米之间。在漫长的地质年代，这些有机物在地下的高温和高压下逐渐转化，首先形成蜡状的油页岩，再退化成液态和气态的碳氢化合物，而碳氢化合物要轻于附近的岩石，它们向上漂浮渗透到紧密无法渗透的、本身多空的岩层中。日积月累，就形成了油田。这是石油有机生成说。

石油形成的理论还有另一种方式——非生物成油的理论。非生物成油理论是由天文学家托马斯·戈尔德发展起来的。他认为石油是在地下深处在高温、高压条件下，碳、氧元素或这些元素的无机化合物，通过化学反应合成的。因为石油中的生物标志物是由在岩石中的、喜热的微生物导致的。

❖ 石油制品

美国休斯敦一家石油勘探公司负责人肯尼认为从岩层断裂处释放出的地热，使埋藏于地底100千米深处的碳化无机物在高温高压作用下产生了碳氢化合物，于是他提出所有的石油都是从古老的岩石中生成的新理论。这一新的观点虽然已经得到部分石油地理学家的承认，但在美国《国家科学院院报》发表后，还是引起了广泛争议。

■ Part1 第一章

流光溢彩的**琥珀**

将一只真琥珀和一只假琥珀放进水里，真琥珀浮在水面，而假琥珀则沉入水底，这是为什么呢？

琥珀主要由琥珀树脂酸、琥珀松香酸、琥珀酯醇、琥珀油等组成，是数千万年前的松柏科植物的树脂被埋藏于地下，经过一定的化学变化后形成的一种树脂化石。琥珀常包含于煤层中，也有经流水搬运到异地堆积形成的次生琥珀矿床。琥珀形状多种多样，有的呈水滴状，有的呈瘤状、有的呈肾状，还有饼状。琥珀的表面常保留着当初树脂流动时产生的纹路，内部经常可见气泡及昆虫遗体或植物碎屑，以含有各种昆虫和植物叶茎的琥珀最为珍贵。

◆ 琥珀

琥珀最早出现于白垩纪早期，大多数琥珀的年龄在 200 万～ 3.6 亿年之间，宝石级琥珀的年龄在 500 万～ 5000 万年之间。著名的琥珀沉积岩来自波罗的海地区和多米尼加共和国，中国辽宁抚顺、河南西峡也以盛产琥珀而闻名。

中国早在新石器时代就有琥珀雕刻的装饰物。但在隋唐之前，中国只有云南边疆出土琥珀，所以琥珀非常珍贵。当时的波斯是生产琥珀的国家，主要用来装饰和入药。据《中国印度见闻录》记

知识小链接

血琥珀是用来制作佛珠和手串等宗教器具的。古时候，人们认为血琥珀会给逝者带来神秘之光，所以血琥珀被披上了神秘之光——能给巫师和法师带来魔力。各种天然血琥珀中以缅甸血琥珀最为有名。

载："琥珀生长在海底，状似植物，当大海狂吼，怒涛汹涌，琥珀便从海底抛到岛上，状如蘑菇，又似松露。"琥珀作为高级贡品传入中国是在唐宋时期，如《册府元龟》卷 972 载："波斯国遣使献珍珠、琥珀等。"《宋史》卷 490 载："大食遣拖坡离进琥珀。"物以稀为贵，琥珀是皇室贵族身份地位的彰显。到了辽金时期，琥珀的产量大增。从出土的辽陈国公主的墓葬里发现了 2102 件琥珀。

琥珀多呈黄、橙黄、褐黄或暗红色，透明、半透明，少数带有香味。质地优良的作为有机宝石，用于制作饰品或工艺雕刻材料，其中以包裹有昆虫化石的琥珀为上上品；质差的用于制造琥珀酸和黑色假漆。琥珀还有药用价值，中医认为它有化

❖ 琥珀

淤、利尿、镇静安神的作用，常用来治疗小便涩痛、尿血、惊悸失眠等病。此外，琥珀还为我们探索古老的历史而打开了一扇大门，通过这扇大门搜集有价值的科学数据。

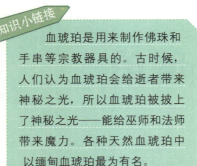

❖ 琥珀

琥珀是有机化石，触之温暖。轻轻摩擦或受热、燃烧时，会散发出淡淡的松香味。琥珀一般按其透明度分类，分为透明、不透明以及介于两者之间的花琥珀。主要品种有金珀、血珀、虫

珀、香珀、石珀、花珀、水珀、明珀、蜡珀、蜜蜡、红松脂等。虫珀和灵珀都是指含有动物遗骸的琥珀，只是名字不同。花珀是指经过人工爆花工艺加工的琥珀，内部含有"太阳光芒"，又分为金花珀和红花珀。不透明的琥珀被称为蜜蜡。香珀

❖ 琥珀

是指摩擦后香气四溢的蜜蜡，普通琥珀只有钻孔的时候才会有香味。水珀也叫水胆琥珀，是指内含水滴的琥珀。目前市场上常见的琥珀多为仿制品，是用赛璐珞、酚醛塑料、加拿大树胶等为原料制成的。

❖ 琥珀

琥珀硬度低，易碎，稍有碰触就会留下痕迹，所以应该单独存放，不要与硬度较大的钻石或其他首饰放在一起。琥珀首饰就像一位娇娇女，比较娇贵，怕热，不可长时间置于阳光下或是暖炉边；琥珀的皮肤也比较娇嫩，放于干燥的空气中易产生裂纹；忽冷忽热也容易让琥珀沾染些小疾病。此外，琥珀不能与酒精、汽油、煤油和含有酒精的指甲油、香水、发胶、杀虫剂等有机溶液放在一起，所以喷香水或发胶时要将琥珀首饰取下来。

美丽的石头——宝石

宝石也是石头的一种，但它是最美、最贵重的石头，中国学者称它为"贵美石"。

宝石之所以是"贵美石"，主要是因为它具有瑰丽、稀少、耐久 3 个特性，比如红宝石、蓝宝石、祖母绿等，这些是天然的矿物结晶体，不但颜色鲜艳，质地晶莹，而且坚硬耐久，不会磨损，同时产量稀少；当然，作为天然单矿物集合体的玛瑙、琥珀也是毫不逊色。宝石还有一个特殊的群体存在，那就是琥珀、珍珠、珊瑚、煤精和象牙等有机宝石。有机宝石来自动物或植物。

◆ 红宝石

狭义的宝石分为宝石和玉石，宝石有钻石、蓝宝石等，玉石有翡翠、软玉、独山玉、岫玉等。天然矿物 3000 余种，可作为宝石的矿物仅 200 余种，而常见的宝石不过 30 种。钻石、红宝石、蓝宝石和祖母绿被誉为"四大名宝石"；金绿宝石（包括猫眼石、变石）以其有特殊光学效应而著称；软玉（和田玉）是中国最著名的传统名玉，翡翠被誉为"玉石之王"。

宝石的生成和岩石一样，需要适宜的条件、足够的时间，要经历了 4 个阶段：熔岩、环境变化、地表水与地幔的形成。不同岩石中含有不同的宝石，宝石也可随着岩石的沉降运动，裸露地面，也可能深埋在地下，有的岩石中可能蕴含有丰富的宝石矿藏，也可能只拥有一颗小小的宝石。

19世纪以前，印度是世界上唯一的钻石产地，主要开采的是河流冲击钻石砂矿。金伯利岩中的原生钻石被发现后，南非一跃成为世界钻石的重要产地。

火成岩也是宝石喜爱的藏身之所。一般来说，岩石温度降低得越慢，冷却凝固所需时间越长，所产生的宝石矿物晶体就越大。如澳大利亚钾镁煌斑岩的发现，使澳大利亚钻石的产量一跃成为世界第一。存在于侵入岩中的宝石还有碧玺、橄榄石等。装饰性宝石一般躲藏在沉积岩中。因为沉积岩由砂、砾、泥质或溶解物质沉积固结而成，一般成层堆积。如澳大利亚的蛋白石。由火成岩或沉积岩经变质作用形成的变质岩也是红宝石的藏身之处，如长期处于高温高压下的石灰石在形成大理岩时可能形成红宝石。

知识小链接

红宝石，俗称鸽血红。红宝石被定为"七月生辰石"，象征着高尚、爱情、仁爱。世界上最大的星光红宝石是印度拉贾拉那星光红宝石，重2457克拉，具有六射星光。

❖ **宝石**

大部分宝石产于世界各地，如水晶和石榴石；而有些宝石的形成需要特殊的地质条件和环境，所以仅分布于少数几个国家或地区，如红宝石、钻石。

宝石不仅可以雕琢成饰品，象征地位，同时也被赋予了美好的象征。如海蓝宝石被称为"福神石"，象征沉着、勇敢、幸福和长寿，被航海家视为护身符。在中国传统文化中常把玉与人的高尚道德情操相比。

Part1 第一章

地球之肺——森林

森林，是树祖祖辈辈生存的地方，也是各种动物、鸟类的天堂。它是一个神秘的地域，有许多人类无法探知的秘密。

森林资源不仅包括森林、林木、林地，也包括依靠森林、林木、林地生存的野生动物、植物、微生物等。森林是可再生自然资源，具有经济、生态和社会三大功能。森林是"地球的肺"，是氧气生产基地，每一棵树木都是二氧化碳吸收器。森林也是"野生动植物的天堂"。科学家推测，早在6亿年前植被已经出现。世界现存的530多万种动植物，半数以上在森林中。森林不仅可以防风固沙、涵养水源、调节空气和雨水，还有保持水土、净化空气、降低噪音、美化环境等作用。

❖ 森林

森林是地球表面最为壮观的景观，按其在陆地上的分布，可分为针叶林、针叶落叶阔叶混交林、落叶阔叶林、常绿阔叶林、热带雨林、热带季雨林、红树林、珊瑚岛常绿林、稀树草原和灌木林。中国的原生性森林主要集中在东北、西南地区。森林的再生能力虽然很强，但是它的再生速度远远跟不上人类砍伐森林的速度，森林正以每年1303公顷的速度消失。为了保护森林资源，保护我们美好的家园，每年的3月21日被定为世界森林日。

现代森林的形成和发展，大约经历了6亿年的演化过程，从简单到复杂，从低级到高级阶段的演变过程分为蕨类古裸子植物阶段、裸子植物阶段及被子植物阶段 3 个阶段。

蕨类古裸子植物阶段，根据已发现的古植物化石推断，蕨类古裸子植物大约出现于晚古生代的石炭纪和二叠纪，是当时地球植被的主角。包括从高不到 5 毫米的草本植物，到高可达 20 米的乔木状植物，这些草本植物、灌木、乔木共同组成大面积的滨海和内陆沼泽森林。现在热带地区还可偶见孑遗树蕨的身影。蕨类古裸子植物是石炭纪重要的造煤植物。

裸子植物阶段，二叠纪末期，由于天气酷热、气候干旱，蕨类古裸子植物不能适应气候的变化而逐渐灭亡，裸子植物开始粉墨登场。到了中生代的晚三叠纪、侏罗纪和白垩纪，裸子植物达到全盛。一些已经灭绝的特殊类型植物，如苏铁、本内苏铁分布广泛，几乎遍及全球。

被子植物阶段，在中生代的晚白垩纪及新生代的第三纪，被子植物由衰到盛，有无到有，乔木、灌木、草本植物相继大量出现，遍及地球陆地，形成各种类型的森林。经新近纪更新世冰川时期而保存到现在，仍是最大优势、最稳定的植物群落。世界上的被子植物约有 1 万多属，约

❖ 远古森林

30 万种，占植物界的一半。

Part1 第一章

土壤是怎么形成的

中国松花江流域之所以被誉为"北大仓"，是因为这里肥沃的黑土壤。在中国南方还有一种红色的土壤。

土壤是植物生存的家园，主要由矿物质、有机质、水分、空气和土壤生物等组成。矿物质约占土壤的一半，而代表土壤肥力的有机质却仅占土壤干重的 0.5% ～ 2.5%。不同作物需要不同的土壤，而不同的地区也有不同肥力的土壤。如湿润的热带雨林、季雨林地区，主要为高度富铝风化、富含铁铝氧化物和三水铝石黏土矿的砖红壤，而温带荒漠地区的土壤则为各种类型的漠土。

关于土壤是怎样形成的，科学家认为土壤是由各种成土因素相互作用而形成的。影响土壤形成的因素分为自然因素和人为因素，自然因素包括母质因素、气候因素、生物因素、地形因素及时间因素；人为因素包括人类因素等。

❖ 土壤

母质因素，岩石在风化作用下破碎，理化性质被改变，形成空洞大、质地疏松的风化壳，上部被称为土壤母质。母质是土壤的初始状态，在气候与生物的共同作用下，经过上千年的变化，才逐渐转变成可生长植物的土壤。土壤虽然与母质的性质差别较大，但还保留有母质的某些特征。不同母质的类型形成的土壤也不尽相同，而且土壤的矿物成分也因成土母质不同而有所不同。如以基性岩母质为基础形成的土壤，质地细腻，沙粒较少，且含有较多的角闪石、辉石、黑云母等深色矿物；而以石英母质为基础形成的土壤，质地粗糙，沙粒较多，且含有较多石英、正长石等浅色矿物。

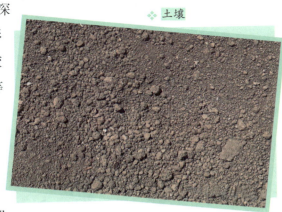

❖ 土壤

地形因素，主要是通过引起物质、能量的再分配而间接地作用于土壤的。一项对美国西南部山区的考察发现，土壤有机质含量、总孔隙度和水分含量随海拔升高而升高。这说明土壤的组成成分和理化性质与温度等一样，也会发生垂直地带分化。

生物与土壤肥力的产生有密切的关系。在生物因素中，植物起着至关重要的作用。岩石是苔藓类生物的寄生地之一，它们依靠雨水中溶解的微量矿物质得以生长、繁殖，同时分泌能对岩石进行化学、生物风化作用的物体，促进土壤的形成；随着苔藓类的大量繁殖，岩石被分解风化，逐渐形成适合一些高等植物生存的土壤。

❖ 土壤

气候因素，既可以直接通过土壤与大气之间经常进行的水分和热量交换，对土壤水、热状况和土壤中物理、化学过程的性质与强度产生影响。一般情况下，温度每增加10℃，化学反应速度平均增加1～2倍。冬季气候寒冷，土壤冻结长达几个月，微生物分解作用非常缓慢，使有机质积累起来，含量增加；温暖湿润的气候条件下，微生物分解迅速，有机质含量趋于减少。

时间因素，除母质因素和地形因素较为稳定外，气候因素和生物因素则随时间的变化而变化，所以，土壤是一个不断变化的自然实体，并且它的形成过程是相当缓慢的，也就是说不同条件下土壤形成的时间也不是固定不变的。例如在严寒、干

❖ 土壤

旱等极端环境中，以及坚硬岩石上形成的残积母质上，土壤的形成需要数千年，在沙丘土中形成典型灰壤需要 $1000 \sim 1500$ 年。在开放条件下，土壤形成所需要的时间相对较短。

人类因素，人类生产、生活都离不开土壤，对土壤的形成也有不容忽视的作用，主要是通过改变成土因素作用于土壤的形成与演化。其中以改变地表生物而改变土壤变化最为突出，典型例子是农业生产活动。人类通过翻耕、整理土壤，改变土壤的结构、湿度、硬度及通气性；通过灌溉改变土壤的水分、温度状况；通过施用化肥和有机肥改善土壤养分的微循环，从而改造出适合种植稻、麦、玉米、大豆等农作物所需要的不同土壤。

❖ 土壤

同时人类对土壤的改造违反了自然成土过程的规律，从而出现了肥力下降、水土流失、盐渍化、沼泽化、荒漠化和土壤污染等消极影响。

Part1 第一章

氧气会不会用完

离开了氧气，我们将无法存活。那么，地球上的氧气有可能会被用完吗？物理学家凯尔文曾担忧地球上的氧气会被消耗完。

氧气是空气的重要组成成分之一，无色、无味、无臭。同时氧元素也是地壳中最 21.0％，在水中占 88.81％，海水中占 85.8％，约占人体 65％。世界上最早发现氧气的是中国的马和，比欧洲早 1000 余年。

科学家证实，虽然物质燃烧和氧化过程、动植物呼吸消耗氧气，但只要有植物进行光合作用生成氧气，大气中氧气的含量几乎保持不变。化学家根据从意大利出土的一个密闭坛子的空气计算，发现 1000 多年前空气中的氧气的含量也为总体积的 21％，与现在相同。

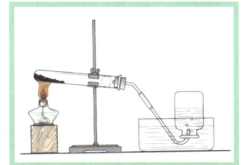

❖ **实验室制取氧气**

瑞士的科学家谢尼伯曾经做过这样的一个实验：他采集一些植物的绿叶，浸在水里，放到阳光下，很快叶子不断吐出一个个小气泡。谢尼伯小心翼翼地将这些气体用试管收集起来。他将一块点着的木条扔进试管里的时候，木条猛烈地燃烧，并放射出耀眼的光芒。这些气体就是氧气。紧接着，他又往水里通入了二氧化碳。他发现通进去的二氧化碳越多，叶子排出的氧气也就越多。于是，他得出了这样的结论：在阳光的作用下，植物吸收空气中的二氧化碳，放出氧气。

于是，这个不是秘密的秘密被大家所熟知：在阳光下，植物的绿叶不断吸收空气中的二氧化碳，通过光合作用转换成自身所需要的淀粉、葡萄糖等，同时放出氧气。据计算，3棵大树每天所吸收的二氧化碳，约等于1个成年人1天所呼出的二氧化碳（约400升）。每年，全世界的绿色植物大约要吸收几百亿吨的二氧化碳。

绿色植物还有一个强有力的助手，那就是石头，石头也可以从空气中吸收二氧化碳，每年的消耗量大约40亿～70亿吨。岩石因风吹雨打会风化、分解，岩石中所含的碳酸钙在二氧化碳和水的作用下，变成可溶解的酸式碳酸钙。

氧约占大气21.0%，海水中的含量更是丰富。所以，即使能产生氧气的动植物全部不存在了，仅大气本身所含有的氧气也够地球上的生物消耗2000年以上。

氧气虽然是需氧动物赖以维持生命的物质，但是超过一定压力和时间的氧气吸入，对身体也会造成一定的损害，氧中毒就是其中之一。

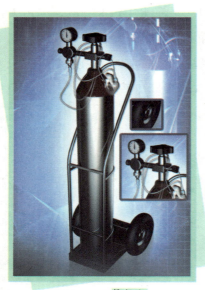

❖ 氧气瓶

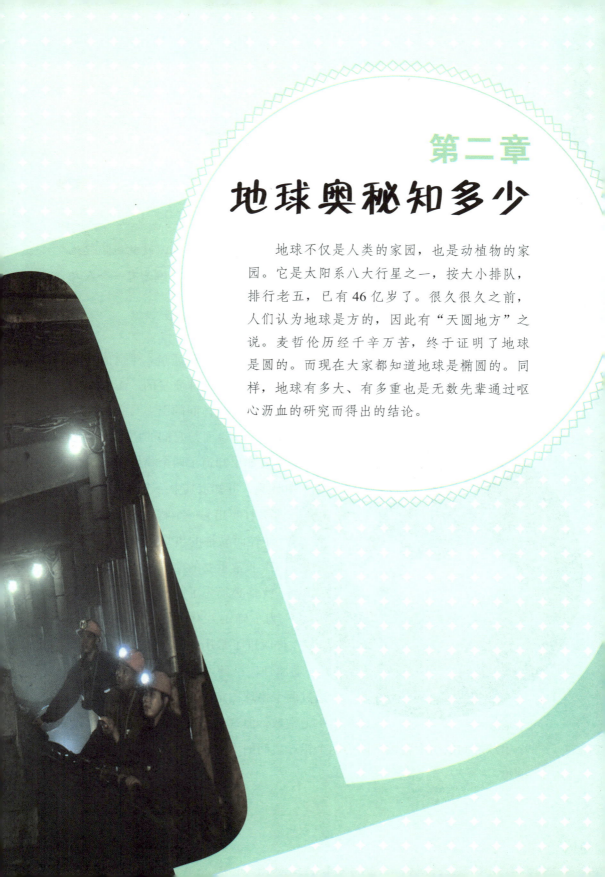

第二章
地球奥秘知多少

地球不仅是人类的家园，也是动植物的家园。它是太阳系八大行星之一，按大小排队，排行老五，已有46亿岁了。很久很久之前，人们认为地球是方的，因此有"天圆地方"之说。麦哲伦历经千辛万苦，终于证明了地球是圆的。而现在大家都知道地球是椭圆的。同样，地球有多大、有多重也是无数先辈通过呕心沥血的研究而得出的结论。

Part2 第二章

称量**地球**

AOWANBNPU

2200 多年前，阿基米德说："给我一根杠杆和支点，我就能撬起地球。"但是他没能撬起地球，因为没有那么长的杠杆。但是有一个人却出人意料地计算出了地球的质量，他就是卡文迪许。

卡文迪许是英国科学家，他于 1789 年称出了地球的质量。难道他有神秘的力量？其实他是根据万有引力定律称量出地球质量的，而这个实验就叫作卡文迪许实验。万有引力的内容是：两个物体间的引力与它们之间的距离的平方成反比，而与它们的质量成正比。

这意味着如果知道了两个物体之间的引力和距离，并知道其中一个物体的质量，那么计算出另一个物体的质量就是一件轻而易举的事情。然而，还有一个非常重要的前提条件要解决，那就是必须先了解万有引力常数 G。

为了确定万有引力常数 G，卡文迪许改进了常用的弹簧秤，利用细丝转动原理，设计了一个测定引力的装置。通过两个铅球测定出它们之间的引力，然后计算出引力常数。但这个方法最终也没有计算出两个铅球之间的引力常数，因为两个铅球之间的引力非常小，细丝扭转的灵敏度小。

❖ 地球

伤透脑筋的卡文迪许坐在台阶上，闭目思考怎样才能增加细丝的灵敏度。

◆ 地球

可是在院子里玩耍的一群孩子吵得他不能思考。睁开眼睛正要大喝他们的时候，他突然看到几个孩子正在做一个非常有趣的游戏，也许小时候大家都玩过。其中一个孩子拿着一块小镜子对着太阳，把太阳光反射到墙壁上，产生了一个白亮的光斑，其余的孩子追逐着那个光斑。只见那个小孩稍稍地移动一个小小的角度，光斑却移动了较大的距离。卡文迪许灵机一动，在测量装置上装了一面小镜子，于是，利用这种方法，他知道了引力常数。利用这个引力常数，将相关数据带入万有引力公式，终于计算出了地球的质量——60万亿亿吨。这个测量结果发表后，遭到很多人的质疑，但就当时的条件而言，根本无法准确测量出地球的质量。后来，测量工具变得精确了，科学家们又重新测量了地球的质量，大约为59.74万亿亿吨，与卡文迪许的测量结果仅仅相差0.26万亿亿吨。

◆ 地球

有科学家认为地球的质量是逐渐减少的，它在不停地瘦身。地球上有活火山500余座，每年发生500多万次地震。火山喷发和地震时，地球内部的熔岩、水分、气体等物质大量喷射出来，融入大气层中。最重要的是人类从地球内部开采石油、挖掘煤炭、抽出天然气，这些物质被人们燃烧为灰烬，形成几乎没有质量的浓烟升入大气层中。地球

知识小链接

卡文迪许，又译亨利·卡文迪什，是英国著名物理学家、化学家。1784年首次研究氢气，证明了水是化合物，并预言空气中稀有气体的存在。在物理学方面的贡献是发现了库仑定律和欧姆定律。

内部的物质被大量抽取转化为无形，肯定会使地球的质量逐渐减轻。

持不同意见的科学家们认为地球的质量是增加的，正逐渐变成一个大胖子。科学家在俄罗斯的玻波盖河盆地里发现了大量的金刚石，这一反常的现象引起了地质学家们的强烈兴趣。因为金刚石只有在高温和高压条件下才能形成，所以，岩浆岩成为金刚石的最佳驻扎地。而出现在河谷盆地的金刚石有可能是外来客，至于来自哪儿还需要科学验证。经过多年的考证证实，玻波盖河盆地的金刚石确实是天外来客。它是陨石撞击盆地时，发生强烈爆炸而形成的。科学家考证还发现位于加拿大的萨达旦里镍矿也是陨石撞破地表后，与地球岩浆熔融共同凝结而成的。

据统计，每天从宇宙中降落到地球上的小天体、陨石、尘埃等，有50多万吨重。10亿多年来，陨石撞击地球而产生的直径大于1千米的坑，有100万个。所以认为，地球的质量正在逐年加重。

❖ **地球**

依现在的科技水平来看，地球的质量是在增加还是在减少，仍然是一个争论不休的问题。

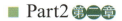

Part2 第二章

地球的**自转和公转**

　　我们所生活的地球并不是静止不动的，相反，它每天都在快速的旋转，但是我们却感受不到，这是多么神奇的自然力量，下面我们就来了解一下地球的自转与公转。

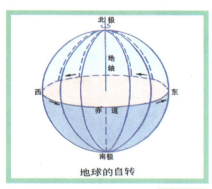

地球的自转

❖ 地球自转

地球绕太阳公转的同时，又绕着地轴自转，这成为每个人都知道的常识。地球自转一周约为 23 时 56 分，自转线速度为 465 米/秒；地球绕太阳公转一周需要 365.26 天，平均速度为 29.73 千米/秒。因为地球自转和公转，产生了黄道与赤道交角。因为有这个角度，地球上出现了四季变化和五带。

　　伟大科学家牛顿认为地球在匀速运动，否则一日的长短将发生变化。整个宇宙天体的运动就像上好发条的钟表，在机械地运动，不快不慢，准确无误，完美无缺。然而科学家们却发现地球的运动是变化着的，而且变化的速度是不一样的。因此地球的运动不是匀速的，而有长期变化、季节性变化和不规则变化。科学家推测这可能与日、月、行星的引力作用以及大气、海洋和地球内部物质的相互作用有关。

❖ 地球自转

相关数据表示地球自转的总体速度在变慢，如3.7亿年前一年有398天，6500年前一年有376天，而现在一年有365.26天，科学家认为这是月球和太阳对地球的潮汐作用的结果。科学家通过石英钟计时观测日地的相对运动，发现地球自转虽然时快时慢，但存在一定的周期性：春季自转变慢，秋季加快。有人认为这种周期性变化可能与地球上的大气和冰的季节性变化有

关。有人认为地球内部物质的运动，如重元素下沉、向地心集中，岩浆喷发使轻元素上浮等，都会影响地球的自转速度。此外，地球的公转也可能影响地球自转。地球公转也不是匀速运动。因为地球是椭圆形的，在公转时因为每个点受到的太阳引力不同，所以速度也不一样。如地球由远日点向近日点运动时，受太阳引力的作用加强，速度加快；由近日点到远日点时，受太阳引力的作用减弱，运行速度减慢。

地轴的方向总是指向北极星是被写入教科书的，但是科学家们发现，地轴并不是总指向北极星，而是绕北极星做圆周运动。但地轴所画的圆圈并不规整，时左时右，时前时后，也就是说，地轴在圆周内外做周期性

的摆动，摆幅为 9 秒。

地球的公转和自转并不是一个单独的原因而能够解释得清楚的，它是许多复杂运动的组合。地球像一位蹒跚的老人，一边颤巍巍地向前走动，一边又不停地摇摇摆摆着。地球是银河星系的一员，在自转和绕日公转的同时，随太阳系一道围绕银河系运动。地球在宇宙中日夜不停息地运动，也许是在它形成的那一刻养成的习惯。不管地球是变慢还是变快，都离不开引力的约束，这个引力包括太阳和月亮的引力，还有太阳系其他行星的引力。只要有这些引力的存在，地球就不会停止运动。有人说，数十亿年后，地球可能会停止运动，这个说法也许会成真，但现在绝对不会发生这样的事情。

对于地球运动来说，引力是其动力来源。那么，又是什么力量推动了地球的初始运动呢？难道真如牛顿所说的那样，是上帝设计了这令人啧啧称奇的宇宙运动机制，且给予了初始力量，使它们运动起来？现代科学的回答肯定是否定的。目前为止，人们不但没有解开地球运动的神秘面纱，而且对整个宇宙的运动之谜的谜底也不甚了解。

◆ 地球自转

地磁场的起源

> 地磁场像一个巨大的幔帐，隔离宇宙辐射，保护地球上的人类和生物。

地磁场由基本磁场和变化磁场两部分组成，它们在成因上完全不同。地球基本磁场起源于地球内部，是地磁场的主要部分，又分为偶极子磁场、非偶极子磁场和地磁异常。地球变化磁场是地磁场的各种短期变化，主要起源于地球外部，并且很微弱。

地球本身就好像是一个大磁铁，具有磁场。但是，地磁的许多性质是非常奇妙有趣的，比如，它并不总是恒定的，而是随着时间在非常缓慢地变化，周期范围自 2/10 秒～十几分钟，振幅为百分之

◆ 地磁场能够反射粒子流

几至几百纳特，而且持续振动的时间也是不一样的，从几分钟至数小时都有可能。据古地磁学研究表明，地磁场的磁极还会倒转，地球的北磁极现在是南极，而 78 万年前却是北极。这些都是地磁场所独有的特性。

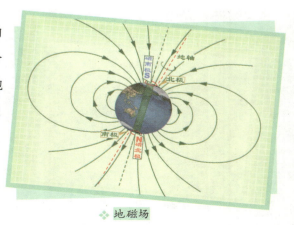

◆ 地磁场

11世纪时，中国北宋科学家沈括虽然在《梦溪笔谈》中明确指出磁偏角的存在，但是他并不知道磁偏角是地磁轴与地理轴不重合造成的，当然更不用说与其关系密切的地磁场了。

1600年，英国人吉尔伯特（又译吉伯）认为地球自身就是一个巨大的磁体，它的两极和地理两极相重合。他是第一个提出地磁场成因理论的人。虽然他假设地

❖ 地磁场

球是一个大磁石的前提是不正确的，但是他的推论是正确的：地磁场不是来源于地球之外，而是起源于地球内部。但这个理论过于天真，无法解释地磁场的许多特性。1893年，德国数学家高斯创立了描绘地磁场的数学方法，首次用球谐函数分析证实吉尔伯特的推论是正确的。但也只是一种形式，并不能从根本上说明什么。

目前，流行的关于地磁场起源的假说有两大类：第一类是以地球表面通过观测得来的物理定律为根据，这些物理定律规律是经过实验确定的，如旋转电荷假说、电机效因理论假说、漂移电流假说、热力效应假说和霍尔效应假说等；第二类认为地球存在着不同于现有已知定律的特殊定律，反对用已有物理定律解释地磁场，如重物旋转假说等。

旋转电荷假说是第一类假说的代表，它假定地球上同时存在着等量的异性电荷，一种在地球内部，另一种在地球表面，电荷随地球运动而旋转，因而产生了磁场。这个假说既不能解释地磁场倒转，也不能解释电荷是怎样分离的。

重物旋转假说是第二类假说的代表，是由英国物理学家布莱克特于1947

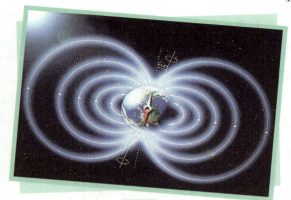

❖ 地磁场

年提出的。他认为任何一个旋转体都具有磁矩，这与旋转体内是否存在电荷无关，也就是说地球能够自然生磁。但是，直接证明星体旋转与磁场之间的关系是非常困难的。虽然现在测量磁场的技术能够测出非常微弱的磁力，但观察不到旋转体的磁效应。

不管是第一类假说还是第二类假说，它们都不能全面地解释地磁场。虽然科学家一直致力于地磁场的研究，但由于无法清楚地了解地球内部的物质状态，地磁场起源等问题仍是未解之谜。

❖ 地磁场

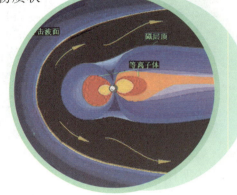

击波面　　　　磁层顶

等离子体

Part2 第二章

地磁场的诡异逆转

有人认为白垩纪时期恐龙之所以消失，是因为地球磁场发生逆转，导致地磁场暂时消失的结果。

正是在地磁场的作用下，指南针总是忠实地一端指南、一端指北。有了指南针，就不怕在海上、原始森林中迷失方向。但是，你有没有想过，假如有一天，地磁场发生了逆转，磁南极变为磁北极，而磁北极却变成磁南极，你该怎么办？

◆ 行星磁场

如果南北磁极发生逆转，地磁场会暂时消失，地球失去有力的保护屏障，臭氧遍布整个大气层，地球上所有的生物包括人类直接笼罩在太阳高能粒子的辐射之下，虽然人们可以在家门看到美丽的极光，但必须穿着防辐射服。

20 世纪初，法国科学家布律内提出 70 万年前地磁场曾发生过逆转的观点；1928 年，日本科学家松山基范也提出了同样的观点，但均未引起应有的重视。第二次世界大战后，人们对地磁研究得越来越多，获得了许多出人意料的成果。如岩浆在地磁场中冷凝固成岩石时，因为受到磁化而保留着与磁铁一样的磁性。大部分岩石的磁极方向和成岩时的地磁方向一致，但是，少数岩石的地磁方向与现代地磁场方向截然相反。

1960 年后，科学工作者通过测定陆上岩石和海底沉积物的磁极方向以及分析洋底磁异常条带，发现在过去的 7600 万年间地球磁场曾发生过 171 次的逆转。距今最近的一次发生在 70 万年前，而日本千叶县房总半岛的养老川地层的存在恰恰证明了这场地磁场消失的情况，它是当今世界唯一残存的高密度磁记录，当时大约有 40% 的生物灭亡，恐龙有可能就为其中之一。

知识小链接

磁极，是磁体上磁性最强的部分。一个磁体无论多么小都有两个磁极，静止时总是一个磁极指向南方，叫作南极（S极）；另一个磁极指向北方，叫作北极（N极）。同性磁极之间相互排斥，异性磁极相互吸引。

一些科学家认为，当地磁场发生逆转时，磁场强度也随之急剧减弱，直至消失。但是，地球内部的放射性元素不断地进行核裂变，所以地磁场的消失也是暂时的。磁场强度才缓缓回复，大约需要 10,000 年。但是，磁场方向却完全相反。

地磁场为什么会发生逆转呢？目前比较有代表性的假说有两种。第一种假说认为：地球的核心是由处于熔融状态的铁、镍等物质组成，它们随着地球的自转而运动。因为是在磁场中旋转，所以产生了涡电流，形成了新的磁场，这一过程称为"发电机理论"，也叫自激发电机理论。日本科学家本藏通过计算机模拟制作了地磁场产生的模

❖ 磁场

型，发现逆转的发生率与现实十分相似，而且还出现了与地磁场相似的紊乱现象。地磁场的紊乱可能与地球内核物质的对流有关。

另一种假说认为：地磁场的改变是受到了外在因素的影响。如太阳系围绕银河系中心运转时，受到外界某种规律性干扰，从而导致了地磁场的变化。

科学资料表明，目前地球的磁场正在逐渐减弱，在过去的百年已减少了 5%，而且磁极点也正在以每年 10 千米的速度移动着。这是否表明地磁场将要发生逆转呢？没有一个科学家对此作出肯定或否定的评论，因为目前尚未明确地球磁场发生逆转的根本原因。

Part2 第二章

地壳运动

用"沧海桑田"形容地壳运动再合适不过了！地壳运动虽然不像股市那样瞬息万变，跌宕起伏，但总有震撼人心的表现。

"**沧**海桑田"的原意是指原来的一片茫茫大海变成桑田，或者原来的桑田变成了汪洋大海。自地球形成以来，沧海桑田的现象屡见不鲜。现在，沧海桑田仍然在发生，只不过速度较为缓慢，我们无法感觉而已。如世界最高的山——喜马拉雅山，在距今约 600 万～2000 万年前，还是一片汪洋大海。而且，喜马拉雅山不是静止不变的，自第四纪冰期以来，升高了1300～1500 米，现在还在缓慢地增高。

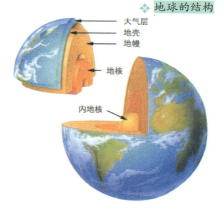

❖ **地球的结构**

大气层
地壳
地幔
地核
内地核

火山和地震的爆发、地壳的运动是沧海桑田的主要动力。众所周知，地壳是地球的结构组成之一，是地球表面的一个圈层，由各种岩石组成的，平均厚度大约33千米。为什么它会运动呢？它在做局部运动还是整体运动？许多人认为地壳之所以运动是因为软流圈内的物质发生了运动。软流圈位于地壳岩石圈以下，地幔上部，富含超铁镁物质，呈半流状，具有塑性、可能缓慢移动。这些物质在高温、高压作用下发生缓慢流动，互相交换位置：温度高、密度小的物质，发生膨胀，向上流动；温度低、密度大的物质，进行收缩，向下流动，形成了热力和重力的对流，这就是地幔对流运动。当对流运动向上接近岩石圈时，就沿着水平方向对岩石圈施加影响，岩石圈块就在软流圈上漂移。

还有一些人认为地壳之所以运动是因为受到地球自转速度变化的影响。地球自转速度突然加快或变慢时，由于惯性作用，地壳受到挤压或拉张的力量。地壳与软流圈黏着不牢固的部分，就会产生变形、断裂、错动等现象。如挤压使岩层发生褶皱，顶部向上隆起并发生张裂；拉伸使岩层断裂，地面出现了裂谷等。其实，这就像人在坐汽车的时候，司机突然开车或刹车，人们前冲后仰是一样的道理。不管是拉伸还是挤压都有可能引起火山爆发和地震。

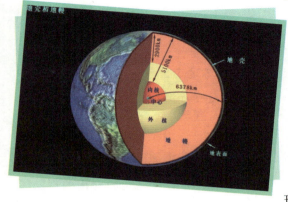

关于地壳为什么运动还有两个著名的学说：大陆漂移说和板块构造说。

1912年德国学者魏格纳正式提出大陆漂移说，并于1915年发表《海陆的起源》一书。他根据地质、古生物和古气候等方面的资料认为，在侏罗纪以前，地球上只存在一个统一的大陆，称之为泛大陆。侏罗纪开始，泛大陆分裂并漂移，逐渐到达现在的位置。

他提出了4个证据来证明自己观点的正确性，而这些证据主要来自南半球。第一，大陆海岸线的相似性。南大西洋两岸，即非洲与南美海岸线轮廓相互匹配，这说明两个大陆曾经是一个整体。第二，褶皱系的延续性。非洲南端与布宜诺斯艾利斯南部的二叠纪褶皱山系的走向是相同的，均为东西走向，而且两地的地质情况类似，可以连接；此外，挪威、苏格兰、爱尔兰与纽芬兰的加里东褶皱带的走向也是相同、可连接的。第三，分布在南方诸大陆和印度南部的晚古生代的冰川痕迹，可拼接在一起，正好解释古冰川分布的规律。第四，分布在南方诸大陆和印度南部的含煤地层，是南方诸大陆与印度曾为一个整体的有力证据之一。

大陆漂移说认为大陆漂移的动力是地球旋转产生的离极力和潮汐摩擦力，并认为大陆块是在软流圈上漂移。这一学说的主要证据集中在南半球，没有得到北半球的欧美学者的赞同。20 世纪 50 年代中期，再次成为焦点，并为板块构造说奠定了基础。

1968 年，法国人勒皮雄和美国人麦肯齐确立了板块构造学说的基本原理。他们认为：太平洋板块、非洲板块、亚欧板块、美洲板块、印度洋板块和南极洲板块可能在还是一个整体时就已经形成了，后来发生分裂漂移。

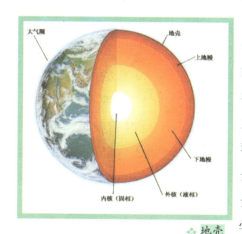

❖ 地壳

人们习惯于用过去的事实来解释现在出现的某种现象，而很少有人预测这种现象会发生怎样的变化或将走向何方。各个板块原先为一个整体，后来因为受到某种力量而分开，那么未来它们会再次因为某种力量而融合成一个整体吗？或者它们会分类成更小的板块？又或者部分结合，部分消失？地球将走向何方，美国芝加哥大学的地质学家斯科蒂斯给出了答案。

他利用电子计算机标绘出了地球的未来形状。到 2.5 亿年后，各个板块将重新整合，非洲将分裂成为两半，而地中海被折叠成一座新的山脉；澳大利亚将撞入东南亚，而印度尼西亚则成为喜马拉雅山脉的一员，形成了一条从越南一直延伸到西班牙的连绵起伏的巨大山脉群；太平洋板块将把南加利福尼亚绑架到阿拉斯加。未来如何，还很遥远。

地球的冬天——冰期

中国有一句俗语：三九四九，冰上走。在远古时期，不用等到冬天就可以在冰上走，因为到处都是冰。

在地球发展的漫长历史中，共出现了3次大冰期，公认的是前寒武纪晚期大冰期、石炭纪-二叠纪大冰期和第四纪大冰期。距今最近的大冰期为第四纪大冰期。第四纪开始以后，地球上的温度降低，逐渐进入了一个比较寒冷的时期。最冷的时候，大冰层最厚的地方超过3000米，除了南北极之外，冰层几乎完全覆盖了亚洲北部、欧洲北部、北美洲北部以及整个北冰洋。目前，地球上还有约1600平方千米的冰川，仅占冰川最盛时期的1/3左右。大冰期持续时间较长，在这期间，温度并不恒定，最冷的时候叫大冰期，相对温暖些的时期叫间冰期，它们之间还有一个冰期，它们相互交替。

❖ 冰期

为什么地球会忽冷忽热呢？证据又是什么呢？科学家们对此看法不一，因此展开了激烈的争论。

有的人认为是天文因素造成了地球上大冰期的周期性出现。太阳系在空间位置变化造成了地球上的气候变冷。地球上的热量大部分来自太阳辐射，而当太阳系通过星级物质密度较大的区域时，太阳辐射的传导受到阻碍，地球上获得太阳辐射大量减少，因此地球上的温度大幅度下降，因而出现了冰期。太阳系通过宇宙星云时，星云吸收了太阳辐射，也会导致地球接受太阳辐射减少而出现冰期。

有人认为是地球公转轨道的偏心率变化和地轴对轨道倾斜度的变化造就了大冰期。20世纪70～80年代期间，科学家发现当黄道倾斜增大时（22°～24°），地球上就会呈现大冰期气候；同时科学家还发现，地球轨道偏心率增大时，地球上也会呈现大冰期气候。

❖ 冰期

有的人认为是地球两极位置的移动造就了大冰期。在地球的历史中，两极的相对位置并不是固定的，每年以一定的速度运动。因此，地球上的气候就发生了变化。

❖ 冰期

也有人从大气物理现象来解释冰期的出现，认为在火山活动频繁的时期，火山喷出大量的碎屑物，其中质量较轻的漂浮在空中，阻挡了阳光，地球接收的热量减少，从而出现了冰期。

还有的人用地球上的构造运动来解释冰期的出现，认为地球上的造山运动消耗了大量的能量，而且形成了许多高山。而高度越高，气温越低，高山的相继出现使气温降低，出现了冰期。

似乎所有的解释都有一些合理性，但究竟哪一种才是冰期形成的真正原

因呢？科学家们现在还没有达成共识。

知识小链接

第四纪冰期，又称第四纪大冰期，开始于距今200万～300万年前，结束于1万～2万年前。范围比较广，欧洲的冰盖南缘到北纬50度附近；北美冰盖的前缘到北纬40度以南；南极洲的冰盖远远大于现在；赤道附近地区的冰盖也曾经向下延伸。

冰期的出现具有周期性，而现在地球正处在第四纪冰期之末，是一个比较温暖的时期。根据西班牙高等科研理事会人员测得数据显示，在过去25万年内大气气温降低了30℃。近200年来，大气层吸收的二氧化碳量是过去2000年的总和。如果地球气候继续以现在的趋势演变下去，几千年后，将开始一个1000～2000年的冰川期。也许到了那个时候，人类的科学技术已经能完全应对这种局面。

Part2 第二章

地球是会变暖还是会变冷

这个世界上总有许许多多的问题等待人类研究与解决，如地球是会变暖还是变冷？

冰岛是欧洲第二大岛，其中1/8为冰川，主要为瓦特纳冰原、朗格冰原、霍夫斯冰原及米达冰川，每年的6～8月会出现极昼现象。近年来因为"全球变暖"，冰川融化，水位不断上涨，冰岛的陆地逐渐被海洋淹没。而全球变暖问题也是许多国家重点研究的环境问题。有些科学家认为地球虽处于暂时上升时期，但不久的将来会进入严寒期，所以不用担心全球变暖。那么，地球未来的气候是变暖还是变冷？

变暖说认为：世界工业的飞速发展，人类滥砍乱伐森林，过度开垦草原，破坏环境，石油和煤等作为生活、工业的原料大量燃烧，大量的二氧化碳肆无忌惮地飘入大气中。二氧化碳具有保温作用，当空气中二氧化碳含量过多时，它会阻止地表散发热量，这样热量就会积累起来。结果，二氧化碳就像温室上的玻璃一样，使地球持续升温，产生了所谓的"温室效应"。

❖ 冰岛

根据英国气象部门发布的数据统计：在20世纪末期曾出现6次年平均气温升高的情况，而且都是发生在80年代。与1949年~1979年的平均气温相

◆ 冰岛风景

比，1988 年的全年平均气温升高 0.34℃。此外，1200 多个气象观测站提供的数据显示，从 1920 年以来，洛杉矶、纽约等大城市，气温一直在缓慢地上升。因此，有科学家认为，长此以往，地球将没有冬天。

知识小链接

温室效应，大气对地球保暖作用的俗称。起保温作用的主要因子是大气中的水汽、二氧化碳和云，其中最主要的不是二氧化碳而是云。因此，在多云和高湿的热带地区，温室效应最强。

英国的气象学家还发现南半球海洋及印度洋的冰帽不断地融化，测得的水温一直在上升。他们又对过去 100 多年的地球冰川进

◆ 冰岛风景

行测试，也证实了地球气温在上升，使陆上的冰河和极地的冰层逐渐融化，造成海洋水量增加，海平面上升。

"变冷说"的支持者在承认地球近年来在变暖的前提下，认为现在的气候正处于上次严寒后的温暖时期，但在不久的将来，这种温

暖很快会被新的严寒所取代。20世纪40～60年代的资料显示，气温呈下降趋势，据此他们认为地球又进入了一次新的"小冰期"。

美国宇航局的科学家通过卫星测量证明，1979年~1988年的地球平均温度不但没有上升，反而在下降。这与英国气象学家提供的资料完全相反，这说明了他们的资料并不全面。在这10年中，虽然北半球的温度稍有增高，但南半球的温度却在降低。因此，总的来说地球

❖ 冰岛的冰川

是在变冷。另外，变暖论者提供的那1200多个气象观测站的观测数据中，97.5％来自城市或城市周围，这只能说明城市及其周围存在着人为的升温。而郊区和农村的观测数据显示，美国近百年来的平均气温大约下降了0.17℃。

❖ 冰岛的冰川

❖ 冰岛风景

　　2012 年，寒流带来的暴雪、狂风袭击了整个欧洲大陆，造成 500 多人死亡，数十万人受灾。狂风和暴雪还袭击了美国中部，日本、韩国也未能逃脱一劫，这一切仿佛印证了流行于 2010 年的"千年极寒"说。

　　为了让自己的观点更加有信服力，"变冷说"者提出了以下 3 种证据：第一，地球自转的长时期偏差及地球自转的加速都可能引起气候变冷。第二，地球变冷与气候变迁有关。气候变迁与地球温度变化有一定的规律性，根据古代气候的变迁史发现，一段寒冷气候之后会出现转暖气候，或温暖气候之后会出现寒冷。以中国西安为例，西安曾在 7~8 世纪种植过梅树和橘树，可见当时是处于温暖气候时期，温度要比现在高得多。而地球目前正处在温暖期的末尾，不久将会步入寒冷期。第三，地球变冷与太阳黑子有关。太阳黑子是太阳表面一种炽热气体的巨大旋涡，太阳黑子活动激烈，地球接受太阳的辐射较多。太阳黑子数将达到高峰，之后太阳黑子将不断减少，意味着太阳辐射不断减弱，地球气温因此而下降。

　　地球到底是变暖还是变冷，现在还无法从一些表象来做出肯定的判断。

Part2 第二章

那些年，科学家追寻的**经纬度**

经纬度是曾经在电影、电视剧中频繁出现的词语，现在仍然在出现，那么什么是经纬度呢？

在无数部军事题材的电影或电视剧当中，我们总能听到这样的一句话：报告你的坐标位置。而后，就会有人按照回答者的报告快速而正确地找到目标。而航海家更是如此，他们时常仰望天空，不是夜观星象，也不是观赏美丽的夜空，而是为了确定正确的航向。那么，这个坐标是什么呢？这就是经纬度线。

经纬度线的产生还有一系列的故事，亚历山大三世东征就是其中之一。在亚历山大帝国时期，国富民强，兵强马壮，国王亚历山大三世不满足于自己的版图，极力向外扩张。一路所向披靡，征服了许许多多的小国家，随军的人员中有一名地理学家，他是负责为国王提供作战地图的。一路上他非常认真地搜集资料，准备绘制一幅世界地图献给亚历山大国王。于是地球上出现了第一条纬线，这条线的起始点是直布罗陀海峡，终点是太平洋，途经喜马拉雅山脉。

再伟大的英雄也抵不过岁月的折磨，亚历山大帝国随着亚历山大的逝世而逐渐

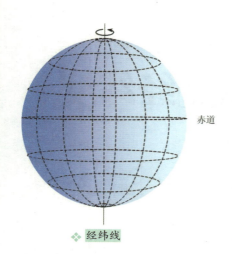

赤道

❖ 经纬线

消亡。但以亚历山大命名的那座城市却完整地保存了下来。在这座城市里有一个著名图书馆，这个图书馆的馆长名叫埃拉托色尼，他博学多才，精通数学、天文、地理，已经连任了好几届馆长，让一些人既羡慕又嫉恨。他的博学多才并非沽名钓誉，而是货真价实的，他根据计算出的地球的圆周（39,690千米），画了一张有7条经线和6条纬线的世界地图。至于正确与否先不予置评，就其勇于探索的勇气也是值得我们学习的。

有一天，这个图书馆里来了一位青年，名叫托勒密。虽然他人看起来有点呆呆的，可是他研究的内容确实让人肃然起敬。他每天都准时来到图书馆，认真研读有关天文学、地理学等方面的知识。他认为绘制地图应根据已知经纬度的定点做根据，否则没有人知道一座城市的具体方位，于是他提出了在地图上绘制经纬度线网。当然了，这只是纸上谈兵，没有多大的信服力。于是他以地中海为中心，测量了附近区域内重要城市和据点的经纬度。将测量资料进行综合分析整理，他编写了8卷地理学著作，包括8000个地方的经纬度。他的理论虽然有根有据，但是并不直观，于是他把经纬线绘成简单的扇形，直观明了，这就是著名的"托勒密地图"。

由于当时经济、技术条件的限制，没有人能够验证托勒密地图的正确性。到了15世纪初，航海家亨利开始按照"托勒密地图"航行。但是，经过反复考察，却发现这幅地图华而不实，并不实用。亨利常听到手下船长扼腕叹息地说："虽然我们十分敬仰托勒密，但我们发现事实却与他所说的恰恰相反。"

太阳直射地球的点、线、面是不断转移

❖ 地球经纬度

变化的，所以，测定经纬度的时间稍有不同就会造成经纬度的失误。因此，很多能工巧匠开始制造较为精确的时钟，即"标准钟"。然而，当时的机械工艺并不能满足要求。到了18世纪，机械工艺的进步，终于为标准时钟的出现奠定了基础。英国钟表匠哈里森花费了整整42年的时间，呕心沥血，连续制造了5台计时器，一台比一台精美，精确度越来越高，体积也越来越小。第五台只有怀表大小，测定经度时引起的误差只有1/3英里，这在地理学

上是一个里程碑。法国钟表匠皮勒鲁瓦也不甘落后，设计制造了一种海上专用的计时器。至此，海上测定经度的难题初步得到了解决。

众所周知，标识一个地方准确位置的标量是经度和纬度。那么经度是什么，又是怎么来的呢？从南极点到北极点可以画出许多南北方向的大圆圈，这就是经线圈，构成经线圈的线就是经线，所有经线都是一样长的，两条经线之间的平面夹角就是经度。1884年华盛顿国际经度会议协商，决定通过英国伦敦近郊、泰晤士河南

北京的经纬度

北京位于北纬40°、东经116°附近。

岸的格林尼治皇家天文台旧址的一条经线定为起始经线，即经度零度零分零秒，也称为本初子午线。本初子午线以东的为东经，记为E，共180度；以西的为西经，记为W，也为180度。因为地球是圆球，所以东、西经180度经线是同一根经线，因此不分东经或西经，统称180度经线，这也是国际日期变更线。从现在流行的地图上不难看出，经线与赤道垂直，而纬线则与赤道平行。

    在地图上，无论在地球表面的哪一点，都能画出一条与经线相垂直的纬线。纬线组成的圈叫纬线圈，与地球赤道相平行。因为赤道位于地球最中央，所以我们把赤道定为纬度 0 度。赤道以南为南纬，记为 S，共 90 度；赤道以北为北纬，记为 N，也为 90 度。北纬 90 度即为北极，南纬 90 度即为南极。

    经度标志着时区的不同，不同经度的地区时间不同，纬度的高低标志着气候的冷热，纬度越高，气候越寒冷。

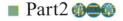

Part2 第二章

绘制**地图**的三步骤

走出北京西站，迎面而来的是热情的小贩，手里拿着各式各样的北京地图，它是你游览北京不可缺少的向导。那么地图是怎么出现的呢？又是谁首先绘制了地图？

建造飞机有飞机设计图，制造汽车有汽车设计图，外出旅游有旅游地图等，这些图都是按照一定的比例，将具体物体绘制在图纸上。行军打仗更是离不开地图，从地图上寻找、规划可占据的有利地形等。但是，无论画什么样的地图，都必须确定所要画的范围，然后根据测量的资料，按照一定的比例，将该范围的景象以各种符号来表示，这就是图例。虽然，现在各种各样的地图随处可见，但是在科技落后的古代，地图的绘制是非常困难的。一座城池的地图常被当作世间珍宝来珍藏。那么，古代的地图是什么样的呢？又是谁首先绘制了地图呢？

❖ 中国的交通地图

据科学家们考证，在人类尚未发明文字之前，即史前时代的时候，古人就已经开始用符号来记载或说明自己生活的环境、走过的路线等。只不过当时由于地域的限制，每个国家绘制地图尚未统一，对同一事物使用的标志也不相同。

在中国保存的地图中，年代最久远的当是秦国《圭县地图》，于20世

❖ 神农架地图

纪80年代出土于甘肃省天水放马滩墓。该地图绘制于木板上，途中标记有河道、山系、沟谷、森林及树种的名称，有80多处，可以说代表了当时地图的最高水平。

除了在木板上绘制地图外，还有绘制在帛、绢等织物上的地图。比如，1973年湖南省长沙马王堆汉墓出土的3幅地图，这3幅地图制图时间比较早，内容之丰富、精确度之高，令人惊叹，为人们提供了研究古人地图的珍贵史料。这3幅图都是公元前168年以前的汉代所绘制，均绘于帛上。一幅是西汉初年的长沙国南部地形图，为边长98厘米的正方形，内容不仅有聚落、道路，还有山脉、河道等，山脉由闭合曲线所标示，九嶷山的9座不同高度的山峰则由以高低不等的9根柱状符号所标示。一幅是《驻军图》，标志了9支驻军的设防位置。一幅是《城邑图》，图中标示出了城垣、城门、城楼、街道、宫殿等内容。

魏晋之前的地图是没有统一标准的，对地图的研究也是分散的，有关理论散见于一些书籍。魏晋时期的裴秀总结了前辈的制图经验，创立了6条制图需要遵循的原则，即"制图六体"，这是世界最早的完整制图理论，包括分率、准望、道里、高下、方邪和迂直。"制图六体"载于《禹贡地域图》，其中分率就是比例尺，用以区别地域长宽；准望就是现在所说的方位，用以确定各地物的方位；道里就是距离，用以确定道路的里程；高下就是相对高度；方邪就是地面坡度升沉；迂直就是实地高差同平面上相应高差的换算。高下、方邪、迂直是校正由地面起伏、道路迂回而引起的水平直线距离的误差。后世1000多年，大都遵循此"制图六体"的原则。

18世纪开始，地理学家开始绘制实测地形图，地形图的内容更加丰富和精确。地图符号体系的不断完善，使地图所包含的一般内容的标记也开始统一，平版印刷的出现也使地图更加普及。

明末时，随着传教士进入中国，国外先进的天文、地理知识也开始在中国传播，如钦天监中就有外国传教士任职。到清康熙年间，朝廷开始聘请大量的外籍人士，采用天文和大地相结合的测量方法，勘测全国地理、地形，总共测算 630 个点的经纬度，制成了《皇舆全览图》。李约瑟先生曾说该图"不仅是亚洲当时所有地图中最佳的，并且比当时的所有欧洲地图都好、更精确"。

❖ 地图

古地图不但中国有，国外的地图也不在少数，如《尼普尔城邑图》。《尼普尔城邑图》绘制于公元前 1500 年，由美国宾夕法尼亚大学的考古人员出土于尼普尔遗址（伊拉克的尼法尔）。这幅地图的中心是尼普尔城，三面有城墙，城墙上都绘有城门并注记有城门名称，标记均为苏美尔文，城中还绘有神庙、公园。

古希腊的数学家托勒密实地勘测了地中海一带重要城市，绘制了托勒密地图。其所著的《地理学指南》一书中附有 27 幅地图，其中有 1 幅就是世界地图。他也像裴秀一样，总结绘制地图的经验，提出编制地图的方法，创立了球面投影和圆锥投影。其中用圆锥投影编制的世界地

❖ 局部地图

图的方法一直沿用到 16 世纪。

总之，绘制地图有 3 道程序。第一步是确定比例尺，也就是把实地、实物的长度按照一定比率缩小，绘制在图上。比例尺不是固定不变的，可以根据需要确定，但是一幅地图内的比例尺是相同的。比例尺越大，绘制的物体越详细，相对范围越小，如城市规划图、军事地图等；比例尺越小，绘制的物体越模糊，如世界地图等。表示比例尺的方法，主要是数字式，其次还有文字式和线段式，但是，三者的效果都是一样的。第二步是确定具体物体的方位和经纬线。不管是什么地图，定方位的原则是上北、下南、左西、右东。经纬线的确定比较复杂，必须采用投影方法来绘制。第三步是绘图廓，也就是绘制实物的范围线。将实物比作相片，而范围线就像是相框。不过，并非所有的地图都有绘图廓，不画图廓的地图，必须注上经纬度数。

这三步绘图步骤，是绘制地图必须掌握的技能。掌握了绘图三步骤，可以轻松地绘制想要的地图，比如要绘地形图，要先确定国界线、省界线及城市、河流、湖泊、沼泽、沙漠、等高线等各种符号，然后按照所需的比例，按实际地形物的位置绘上去，地形的起伏和海洋的深度则用各种颜色来表示。

❖ 地图

《皇舆全览图》是 1708 年康熙帝下旨所绘制。采用梯形投影法绘制，范围东北至库页岛、东南至台湾、西至伊犁河、北至北海、南至崖州。木刻版《皇舆全览图》，有总图 1 幅、分省图和地区图 28 幅；铜版图有 41 幅，以经纬度分幅。

Part2 第二章

地球生命由何而来

> 我从哪里来，恐怕不只是人类的迷惑，同时也是地球自己的迷惑。

神造说，否认一切的事物是自然形成的说法，如欧洲的上帝 6 天造世界，中国的盘古开天辟地。主张神造说的人认为世间万物都是由神创造的，哪怕是正在呼吸的空气。神造论是古人无法解释生命起源而幻想出来的美好传说。虽已被证明是一种荒谬的解释，但也不失为一种优美的传统文化。现代科技帮助人类拥有了非凡的制造能力，有助于人类了解地球，但对生命问题却无能为力，即使是基因工程的研究，人类也无法完全明白生命的起源，主要原因在于生命是自组的而不是被制造的。

❖ 宇宙中的地球

　　自然发生说，又称"自生论"或"无生源论"，广泛流行于 19 世纪前，亚里士多德就是自然发生说的粉丝。支持自然发生说的人认为生物可以随时由非生物产生，或者由另外一些未知的截然不同的物体产生。例如，有人为了证明这个理论，做了一个非常著名的老鼠实验：即将谷粒、破旧衬衫塞入瓶中，放置于暗处。21 天后奇迹出现了，瓶中产生了一只老鼠，而且这只老鼠竟和常见的老鼠完全相同。反对者立即提出了反对观点，而且也是用实验所证明。1860 年法国微生物学家巴斯德用实验证明，烧瓶中的肉汤虽然在开口的情况下能繁殖出许多微生物，但若将瓶口塞住，烧瓶中的肉汤却没有长出任何微生物。巴斯德据此认为，肉汤中的微生物来自空气，而不是自然发生的，为否定"自然发生论"奠定了坚实的基础。

宇宙生命论认为"地上生命，天外飞来"，通俗地说，地球上最初的生命来自宇宙间的其他星球。这一假说认为，像人类一样有生命的地球生物体来自遥远的宇宙星球或星际尘埃。落入地球上的星际尘埃颗粒上所附带的微生物孢子为这种假说提供了依据。但众所周知，宇宙空间

❖ 宇宙中的地球

的紫外线等各种高能射线以及温度等条件都是生命的死敌。即使有漏网之鱼，它们随着陨石穿越大气层到达地球的过程中，也会因承受不了高温而死亡。因此，"地上生命，天外飞来"有点像是自我安慰的说法。但是，又有人认为孢子微生物无法到达地球，

❖ 美丽宇宙——地球

但是构成生命的有机物完全有可能来自宇宙空间，依据是陨石中含有构成生命的有机物。如 1969 年坠落在澳大利亚麦启逊镇的一颗炭质陨石中含有 18 种氨基酸，其中 6 种是生物蛋白质分子的

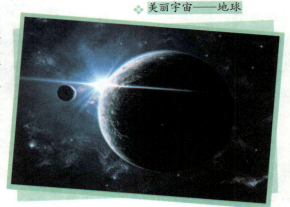

必要构成成分。而科学家研究发现，氨基酸、嘌呤、嘧啶等分子可以在星际尘埃的表面产生，这些有机分子可随彗星或陨石降落到地球上，这些可能就是地球生命的原始状态。宇宙中的生命又是从何而来，宇宙生命论无法解释，更不用说解释地球生命如何而来了。

化学起源说认为生命是由非生命物质经过极其复杂的化学过程，一步一

步地演变而成的，这一假说有较为充足的根据，因此成为被广为接受的生命起源假说。米勒的实验证明蛋白质可以由非生命物质产生，因此他认为生命是从无到有的理论是成立的。但他的实验存在许多未知，例如实验所用的大气层并不能证明就是原始的大气层，所以虽然产生了氨基酸、糖类等物质，但仍不能证明这就是生命的起源。

即使是米勒本人也承认这个实验与自然界生命起源相距仍很遥远，因此无法证明单细胞就是生命的起源。虽然如此，许多科学家仍然对他的实验结果产生了极大的兴趣，纷纷改进了他的实验，证明了生命物质能从这些实验中产生出来。美中不足的是

❖ 璀璨星空壮丽的地球

这些实验没有彻底解释这些产生生命体的分子最后是怎样互相结合并进行生命活动的。

热泉生态系统，起源于20世纪70年代末。一次偶然的机会，科学家发

❖ 地球风光

现加拉帕戈斯群岛附近的深海热泉中生活着管栖蠕虫、蛤类和细菌等众多的生物。这里的水温高达300℃以上，缺少氧气，黯淡无光、水质偏酸，可为什么生物体能在如此的环境中生存呢？首先这些细菌属于自养型，可以利用硫化物还原CO_2而制造有机物，然后管栖蠕虫、蛤类等

其他动物以这些细菌为食物而维持生命。像这样的深海热泉，已经发现了数十个，大部分位于地球两个板块结合处形成的水下洋嵴附近。

5种假说中，只有生命化学起源说最深得人意。科学家们也通过生物

学、古生物学、古生物化学、化学、物理学、地质学和天文学等方面的综合研究，证明了此观点。几十亿年前，无机物经过漫长的发生发展逐渐产生了生命体，生命又经历了几十亿年的自身繁殖、生长发育、新陈代谢、遗传变异等，才发展成为现在的生物界。

◆ 美丽宇宙

纵观生命产生的整个过程，可以概括为 4 个阶段：①无机物形成简单有机物。科学家们用模拟试验证明，无机物在适宜条件、契机下能够变成有机物。在紫外线、电离辐射、高温、高压等条件作用下，原始海洋中的氮、氢、氨、一氧化碳、二氧化碳、硫化氢、氯化氢和水等无机物可转化为氨基酸、核苷酸及单糖等有机化合物。②简单有机物进化为复杂有机物（即生物大分子）。苷氨酸、蛋白质及核酸等复杂有机物可由氨基酸、核苷酸等简单有机物在原始海洋中聚合而成。③多分子体系阶段。多分子体系主要以生物大分子聚集、浓缩形成的蛋白质和核酸为基础，它具有原始的物质交换活动。④原生体阶段。在蛋白质与核酸的长期作用下，多分子体系的物质交换活动演变成新陈代谢作用，而且能进行自身繁殖，出现原生体，这是生命起源中最有决定意义的阶段。原生体的出现意味着地球上产生了生命，地球的历史从化学进化阶段进入了生物进化阶段。

◆ 地球风光

原生体有些类似于现代的病毒，是一种非细胞的生命物质。它为了能够生存下来，不断地生长、变异，努力跟上地球

❖ 地球风光

发展的步伐，演变成具有较为完备的生命特征的细胞，即原核单细胞生物。单细胞标志着生物界的进化从微生物阶段进入细胞进化阶段，生物的演化又登上了一个新台阶。在此基础上演化不再是单一不变的，而是分成了两支，一支朝着植物方向发展，一支朝动物方向发展。数亿年过去了，生物界由简单到复杂，由低等到高等，由水生到陆生，形成了现今丰富多彩的生物界。但是，生物界的演变并没有结束，而是在继续前进。

十种地球磁场来源假说

地球本身就是一座大磁场，地球的磁场来自哪里，又是怎么产生的呢？

在距地球 600～1000 千米高处，有一层被太阳风包围的、彗星状的地球磁场区域，称为磁层，主要保护人类免于遭受外太空各种致命物质的辐射。然而，英美两国科学家发现，在过去的 200 年内，地球磁场正在急剧地衰弱。科学家们甚至预言，如果地磁场以此速度衰减下去，1000 年后，地球磁场可能会完全消失。

地球磁场是地磁学研究的主要对象。人类对于地磁场的认识主要来源于天然磁石和磁针的指极性。简而言之，地磁场是偶极型的，它的北极大体上对着南极而产生的磁场形状，就像有人将一个磁棒插入了地球。事实上，地磁场是通过电流在导电液体核中流动而产生的，并非是因为有磁铁棒。世间万物之间都有千丝万缕的联系，地球磁场也不例外，它受到宇宙飞船探测存在的太阳风的影响。太阳风的

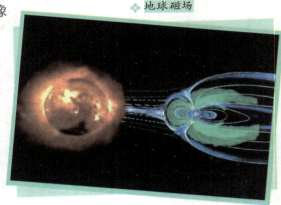

❖ 地球磁场

主要成分是电离氢和电离氦，是从太阳日冕层向行星际空间抛射出的高温高速低密度的粒子流。太阳风也有磁场，像一个大风扇似的，想要把地球磁场从地球上吹走。但是，地磁场并不会让它得逞，它阻止了太阳风长驱直入。于是，无奈的太阳风只好避开地磁场这个强敌，绕过它继续

❖ 地球磁场

向前运动。然后，地磁场逐渐被太阳风所包围。

地球磁场保护着地球上所有的生命，但是它从何而来，又将走向什么样的命运，无人给出肯定的答案。公元1600年前后，人们就已经开始探索地球磁场了。大家不知道地球磁场的来源，但众所周知的是有电荷的运动才会产生磁场，因此科学家推测地球的磁场应该与地球内部的带电结构有关。17世纪初，虽然科学家已经推测出地球本身就是一个巨大的磁体，但因受科学水平限制，无法弄明白磁场是如何产生的。

有关地球磁场最早的说法是地球磁场来源于北极星的传说。英国人吉尔伯特是世界上第一个提出地磁场理论概念的人。1600年，他提出地球自身就是一个巨大的磁体的观点，他认为地磁场的两极和地理两极相重合。他的这一理论确立了地磁场与地球的关系，指出地磁场的起因应在地球内部。高斯在《地磁力的绝对强度》一书中，创立了描绘地磁场的数学方法。自此之后，科学家们对地球磁场的来源先后提出了永磁体说、内部电流说等十多种学说。

❖ 地球磁场

永磁体学说，是最早提出的一种学说，认为地球内部存在巨大的永磁体，这是由19世纪末期的著名物理学家居里夫人提出的。她发现磁石加热到一定温度时，原来的磁性就会消失。这正好可以证明地球在诞生之初只是一块超大的磁石，它吸引附近带铁、钴、镍元素的小行星、陨石和磁石。但后来证实因为地球内部温度很高，这块磁石的磁力消失而变成了电磁铁中间的磁芯。

内部电流学说，该学说认为地球磁场是由地球内部的巨大电流所形成，但是科学家研究发现，地球内部并没有这种电流，而且即便有电流，也会逐渐衰减，不会长期存在。

电荷旋转学说，该学说与内部电流学说有些相似。此学说假设地球内部和外部都有符号相反、数量相等的电荷，因为地球的自转而产生了电流，进而产生磁场。此学说并没有理论和实验为基础，因此并不能得到科学家们的认同。

压电效应学说，此学说于 1929 年提出，提倡者认为由于地球内部的压力非常高，使内部物质进行了电荷分离，产生电子，电子在运动中产生电流，进而产生了磁场。虽然压电效应学说有理论依据，但是依此理论计算出的磁场仅有地磁场的千分之一，所以此学说也不足为信。

旋磁体效应学说，此学说于 1933 年提出，提出者认为地球磁场由地球内部的强磁物质旋转而形成，但这种旋转产生的磁场大约只有地球磁场千亿分之一，与压电效应学说一样并未得到多少人的信奉。

❖ 地球磁场

温差电效应学说，此学说于 1939 年提出，提出者认为地球磁场由地球内部的放射性物质所产生，这些放射性物质产生了巨大的热量，使熔融物质发生不均匀对流，因而产生了温差电动势和电流，电流产生磁场，但理论估计也同地球磁场不符合，也并未得到所有人的赞同。

发电机学说，又称磁流体发电机学说，大约于 1946 年提出，是目前公认的较为权威的地球磁场学说。提出者认为地球磁场由地球内部大量导电液体所产生。导电液体在流动时产生强大的稳恒电流，而这电流产生了地球磁场。

❖ 地球磁场

旋转体效应学说，此学说于 1947 年提出，虽然只与旋磁体效应学说仅一字之差，但内容迥然不同。科学家通过观测天体得到一个结论，那就是地球磁场由具有角动量的旋转物体旋转而产生的。这一学说是所有学说中最传奇的一个，5 年后被提出这一学说的科学家根据精密实验得出的结果加以否定了。

磁力线扭结学说，此学说于 1950 年提出，提出者认为地球磁场是由地球磁场磁力线的张力特性和地核的较差自转而产生的。

❖ 地球磁场

霍尔效应学说，此学说于 1954 年提出，提出者认为在地球内部由于温度不均匀产生的温差电流和原始微弱磁场的联合作用下，产生了霍尔效应，霍尔电动势和霍尔电流应运而生，于是磁场顺电动势和电流作用而产生。

电磁感应学说，此学说于 1956 年提出，提出者认为带电粒子的太阳风到达地球后，在地球内部电磁感应与整流的作用下，地球内部产生了电流，电磁场应运而生。

陆地面积远远小于海洋面积

陆地与人类有着密切的关系，为人类提供了立足之地，可你知道地球上的陆地面积远远小于海洋面积吗？

陆地是地球表面未被水淹没的部分，包括岛屿、半岛和地峡等。从太空中俯瞰地球，一片蔚蓝，那是因为地球表面的 71% 都是海洋。陆地面积约 1.391 亿平方千米，约占地球表面积的 29%，主要分布在亚欧大陆、非洲大陆、北美洲大陆、南美洲大陆和南极洲大陆等板块上。

❖ 陆地和海洋

地球上的水不会明显地减少，也不会增多，那是因为地球离太阳距离比较合适，而大小又比较适中，空气中的二氧化碳也保持在适宜的量上，使地球上的温度总维持在水的冰点以上、沸点以下，因此，地球上才会有如此浩瀚无边的海洋。

可是，为什么地球表面的陆地面积会远远小于海洋面积呢？假设地球上总水量不变，而地球的表面增加一些沟沟壑壑，那么海水会集中到沟沟壑壑之中，最后汇聚成海洋，陆地就会相应地多起来；假设地球上的总水量增加一倍，陆地就会消失不见。当然这些都是假设，至于为什么陆地面积远远小于海洋面积，科学家有不同的解说。

有的科学家认为：在很久很久之前，地球突然由热变冷，由于外壳降温比较快，就首先结成了地壳。而地球内部物质降温比较缓慢，体积逐渐收缩，外壳就变得宽大了，就好比一朵大蘑菇，于是地壳就出现了沉陷和褶皱等现象。有降就有升，但总的来说，下降的区域远远大于上升的区域，下降的地方慢慢地被水注满了，所以陆地的面积就远远小于海洋的面积。

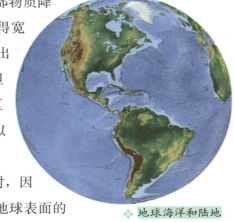

❖ 地球海洋和陆地

有的科学家认为：地球在熔融状态时，因为太阳引力的作用和地球的剧烈运转，地球表面的一大块地壳被甩了出去，而这块地壳就是现在的月球，而缺口则成了太平洋。太平洋的形成只是一个契机，它的存在使地壳失去平衡，发生挤压、沉降等作用，促使大西洋、北冰洋等大洋的诞生，所以地球上陆地的面积远远小于海洋面积。

有的科学家认为：地球是由冷的固体物质聚集而成的，而大陆是从地壳下钻出来的。刚钻出来的大陆面积很小，与海洋相比较而言，就像大洋中的

❖ 海洋和陆地

一个鸡蛋，微不足道。虽然，在以后的几十亿年中，它越来越大，形成了如今的大陆。但从总体情况来看，大陆的生成作用非常缓慢，所以，大陆的面积远远小于海洋的面积。但是有的科学家认为，大陆的生成作用虽然缓慢，但日久天长，将来的某一天陆地的面积会超过海洋的。

本文所罗列的科学家们的观点现在还都是假设，即使如此，仍然存在诸多疑问。比如，地球的原始状态是否为熔融的物质还没有得到肯定，那么由此而做出的推测就不能令人信服了；再比如，大陆虽然不断扩张，与此同时，海洋也正在扩张，那么大陆面积是否超过海洋面积还是未知数。所以，单一的原因并不能解释海陆的分布问题，需要继续研究。

❖ 海洋

海水为什么是咸的

海水是流动的，对于人类来说，可用水量是不受限制的。但为什么海水是咸的？

地球表面上的水有些是咸的，如太平洋中的海水；有些水则是淡的，如长江、潘阳湖的水，人类生命必不可缺少的水则是无味的。那么，为什么独独海水是又苦又咸的呢？海水之所以是咸的，是因为海水中有 3.5% 左右的盐（氯化钠，还有少量的氯化镁、硫酸钾和碳酸钙等）。所以，航海中无论多么渴都不能饮用海洋中的水，否则会因为盐分过多而早早丢失性命。海水里的盐类究竟来自哪里呢？

❖ 海洋

有的科学家提出了先天说，他们认为，海水一开始就是咸的，是先天就形成的。理论依据是他们通过对海水的检测发现，虽然在各个地质时期，海水中含盐比例有所不同，但是海水在一定时期内并没有变得越来越咸，海水中的盐分也并没有显著增加。一些科学家更是以死海为例指出，尽管海洋中的盐类越来越多，但这些盐类多为不可溶性的化合物沉入了海底。所以，在没有重大变故时，海洋中的盐度会保持不变。

反对者则不以为然，他们提出了相反的"后天说"：原始的海水并没有充分的盐分，而是在漫长的地质时期逐渐形成的。形成于地球表面的地表水

❖ 北极的海洋

（包括海水）都是淡水，但因为水在不停地循环运动，地表的水分蒸发到空气当中，然后以降雨的形式将水分带回陆地，雨水冲刷土壤，侵蚀地表岩石，把陆地上的大部分可溶性盐类带到了江河之中，而江河百川又汇集于大海。据统计，每年流入海洋的盐分大约有 30 亿吨，海洋成了一切盐类的收容所。同时海水不断地蒸发到空气中，而蒸发的水体不含盐类，照此情况发展下去，海洋中的盐类物质越积越多，海水变得又咸又苦了。当然，海水变咸是一个极为缓慢的过程，可能经过数亿年甚至更久的岁月。有科学家推论，随着时间的消逝，海水将会变得越来越咸。也有科学家说近年来因为温室效应，海平面上升，近期内海水不会变咸。

至于海水又苦又咸是先天就有还是后天形成，现在还不得而知。

第三章
地球的组成部分

　　众所周知，地球分为外部圈层和内部圈层。外部圈层由大气圈、水圈和生物圈构成；内部圈层由地壳、地幔和地核三部分构成。存在于地壳之上的山川、河流、草原、森林、动植物等也属于地球的一部分。

地球上的水来自哪儿

水是人类生命的源泉，不吃饭人类可以坚持 7 天，而不喝水只能坚持 3 天。地球总面积的 70% 更是被水覆盖。

很多人认为是水来自天上，来自雨和雪。反对者认为水圈的循环运动说明雨和雪是地面上的水蒸发带上去的，所以水并非来自天上。然而这两种说法只是说了地球上水的转移和循环情况，而没有揭露事物的本质。

有的科学家对地球内部构造和物质成分详细研究后，认为水是地球固有的，来自地球内部。主要依据有 4 个：①科学家通过对现代火山活动的研究发现，火山在喷发时总会有大量的气体喷出，以水蒸气为主，约占 75% 以上。如 1906 年，意大利维苏威火山在喷发时，喷出的水蒸气柱高达 1.3 万米，并且这个水蒸气柱持续喷射了整整 20 小时；以喷气孔形成的烟柱出名的美国阿拉斯加州卡特迈火山区的万烟谷，有数万个天然水蒸气喷气孔，平均每秒钟就可喷出约 2.3 万立方米的水蒸气和热水。②地下深处的岩浆成分。地下的岩浆都含有水分，而且岩浆越深含水量越高，5000 米深处的岩浆，水的饱和度约为 6%，在 1 万米深处，为 10% 左右。③火成岩中含有一定数量的结晶水，并且原始水的包裹体也较常见。④球粒陨石中含有水

💠 水资源

分。球粒陨石是构成地球的原始物质，一般含水量在 0.5％～ 5％之间，炭质陨石可达 10％以上。

　　虽然这些大量的事实证明地球内部确实有水存在，但地球内部的水是如何跑到地球表面来的？支持"水是地球固有的"这一说法的人认为，宇宙尘埃凝聚成地球时，作为宇宙物质之一的水被封存在了地球的原始物质（球粒陨石）中。地球形成之初，

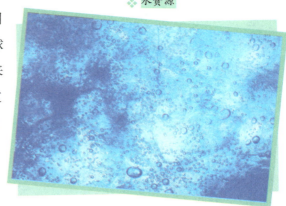

❖ 水资源

温度非常高，原始物质均处于熔融状态。同时，因为地球在做快速自转运动，所以产生重力离心效应，质密量重的物质向地球内核集中，较轻的物质飘出，由此形成了地核、地幔、地壳三圈地质构造。因重力离心效力而飘出的轻物质之一就是水，这时的水的活动性最强，毫无例外地成为先锋，转移到了地球外层。后来地球温度急剧下降，外层富含水的熔融岩浆凝固成坚硬地壳时，其中水分受到挤压，被迫溢出岩浆，在地球表面积聚，形成今天的江湖河流

❖ 水资源

及汪洋大海。30 亿年前的古地球表面温度较高，挤压出来的水大都是水蒸气，飘浮在地球上空。后来地表温度降至 100℃以下时，浓厚的水蒸气才开始冷凝成水滴降落在地表。当地表温度降至如今的 30℃左右（即与现在地表温度相当）时，空气中 99％的水蒸气都凝结成水滴落到地表，这就是地球上为什么有这么多水的原因。

　　既然如此，那么地球的邻居金星、水星、火星和月球等都严重地缺水，甚至没有水，为什么地球拥有如此巨量的水，现有的科学无法解释清楚。于

是，科学家们内部开始分裂为不同的派别。坚持"水是地球固有的"的科学家认为地球的近邻之所以贫水，是因为引力不够，或因为温度太高。持反对意见的科学家则认为地球上的水只有少数部分是地球固有的，其余大部分的水则是由闯入地球的彗星带来的。从人造卫星发回的数千张地球大气紫外辐射照片中总有一些圆盘状的小斑点，大约两三分钟后消失不见，总面积约 2000 平方千米。主张水并非地球固有学说者认为，图像中的斑点是由小彗星闯入地球大气层时因摩擦生热，

其组成成分冰块转化为水蒸气的结果。根据照片科学家还估算出每分钟大约有 1000 立方米水进入地球，因为每分钟进入地球的小彗星约有 20 颗，平均直径为 10 米。一年之中，进入地球的水可达 500,000 立方米。如果从地球形成开始计算，以 46 亿年为准，大约有 23 亿立方千米的

❖ 水资源

彗星水进入地球。但是，现有海水的总量为 13.7 亿立方千米，远远小于 23 亿立方千米。因此，该观点是否正确，还有待于时间来检验。

到目前为止，各种意见不相上下，反对者与支持者争相发表自己的观点，到底哪一方是正确的，恐怕还需要耐心等待。

■ Part3 第三章

神秘的海洋

　　蔚蓝浩瀚的海洋，时而温柔安详，时而暴怒无常，总能给人带来意外。

我们生活的这个星球虽然被称为地球，但陆地面积远远小于海洋面积。海洋是"海"与"洋"的总称，仅指作为海洋主体的连续水域，面积约 3.6 亿平方千米，体积约 13.7 亿立方千米，约占地球表面积的 70%，故地球实际是一个海洋世界。一般情况下，"洋"是指海洋的中心部分，"海"是指海洋的边缘部分，约占海洋总面积的 11%。海与洋连成了一体，称为海洋，陆地被海洋分割成了许多块。有位于大陆之间的地中海，也有深入大陆之间的黑海等。

　　陆地主要分布在北半球，约占北半球总面积的 39%，海洋约占 61%；南半球是海洋的世界，约占 81%。海洋是怎样形成的呢？地球形成之后，地壳温度慢慢降低，漂浮在大气中的水汽冷却变成水滴。但因各种原因的影响，各处冷却不均，于是电闪雷鸣，雨水在低洼的地表积聚起来，这就是海洋的初始形态。后来水分不断蒸发到空气当中，空气遇冷变成雨滴降于地表，因为陆地高于海洋，江河湖泊之水不断地汇集于海水中。就这样周而复始，亿万年过去了，原始海洋就逐渐演变成今天的碧蓝海洋。

❖ 海洋

人类的母巢地球

海洋区域的划分有着不同的方案，有三大洋、四大洋和五大洋之说。最早对世界大洋进行科学划分并命名的是英国伦敦地理学会，将大洋分为太平洋、大西洋、印度洋、北冰洋和南大洋五大洋；也有太平洋、大西洋和印度洋三大洋之说；现在人们常用的是四大洋的方案，即太平洋、大西洋、印度洋和北冰洋。太平洋是世界上最大的大洋，面积为 18,134.4 万平方千米，海水主要来自中国及东南亚的河流；

大西洋的轮廓近似"S"形，面积为 7676 万平方千米，仅次于太平洋，居世界第二位；世界上最年轻的洋是印度洋；而最小的洋是北冰洋，曾一度被认为是大西洋的边海。

海洋中的陆地部分称作岛屿，湖泊和河流中也有岛屿的存在。一般情况下，面积较大的称作岛；而面积较小的称作屿，成群的岛屿称为群岛。许多岛屿大都以群岛的姿态出现在人类的视野中。此外，有些地方的百姓还称岛

❖海洋

❖ 海洋

屿为礁，露出水面的叫岛礁，躲藏在水下的叫暗礁。根据成因不同，岛屿可分为珊瑚岛、火山岛（夏威夷岛、澎湖列岛），等等。

　　海岸既是陆地与海洋的分界线，同时又是陆地与海洋的连接线。海岸的宽度大小不一，从几十米到几十千米不等，一般分为上部地带、中部地带和下部地带，可能是沙滩、乱石滩，也可能是悬崖峭壁，它们是海洋与陆地之间一道最亮丽的风景线。世界海岸线总长约44万千米，中国的海岸线长达3.2万千米。

　　海浪是海洋中的一种波动现象，是在风的推动下产生的，被称为海上的大力士。在风这双大手的推动下，海浪每隔几秒钟就会以惊人的力量拍击岸边，拍击力量可以达到25吨/平方米。故有"无风不起浪""无风三尺浪"的说法。

■ Part3 第三章

揭开海底的神秘面纱

海底是一个神秘的世界，在动画片《海底总动员》中有非常萌的小金鱼尼莫、犹如盛开的美丽花朵般的橙红色的海葵、色彩绚烂的海洋生物、慢悠悠的龟，等等。

20世纪50年代，地理学家利用先进的测绘技术，测绘出了海底世界的样子。海底的地面时高时低地起伏，与我们居住的陆地十分相似，同样有高大的山脉、辽阔的海底平原、深邃的海沟和峡谷。大洋的边缘是水比较浅的大陆架，中间是深海盆地。而且，由于地壳运动，海底时时刻刻都不忘扩张领土，新的地壳不断诞生，老的不断消亡。以下分别介绍大陆坡、海洋生灵、海洋山脊、大陆架的相关内容。

❖ 海底世界

大陆坡，位于大陆架和大洋底之间，形似一个陡峭的斜坡，是联系大陆架与大洋底的纽带。位于200～2000千米的海底，保存了古大陆破裂时的原始状态，为大陆漂移说提供了证据。大陆坡约占海洋总面积的12%，最特殊的地形是海底峡谷。

海水中含有易于消化的蛋白质、氨基酸等营养物质，生活着约18万种海底生物，包括海洋动物、海洋植物、微生物及病毒等。据海洋科技工作者统计，中国管辖的海域中共有 20,278 种海洋生物，分属 5 个生物界，44 个生物门。其中，动物界的种类最多，为 12,794 种，原核生物界最少，为 229 种。深海中生存的大型生物有"兽中之王"蓝鲸、潜水冠军抹香鲸、横行霸道的虎鲸等；表层的海水里生存着甲壳纲动物和软体动物。随着海洋深度的增加，亮度越来越弱，动物的颜色越来越深，暗红和黑褐色的动物取代了透明的无脊椎动物。伸手不见五指的深海中还有会发光的底栖鱼类。

知识小链接

海岸线是陆地与海洋的分界线，一般分为岛屿海岸线和大陆海岸线，地质历史时期的海岸线又称古海岸线，但海岸线并非是一条线。中国的海岸线总长达 3.2 万千米，分为平原海岸、山地港湾海岸及生物海岸 3 种。中国海岸线处于不断运动和发展中。

海底有座相当高的海洋山脊，形成了一道水下山脉，长达 83,683.5 千米，像一条卧在海底的巨龙，穿过了世界上所有的海洋。海脊又称断裂谷，是海洋的骨架，它不是静止不变的，而是像人类的骨骼一样，不断地生长、扩张。新生的海底山脉称为海岭。位于大洋中央部分的海岭，称为中央海岭，又称大洋山脊。在海脊峰顶的中央裂谷一带，地壳活动剧烈，经常发生地震，借此释放热量。这里的地壳最为薄弱，高温熔岩从这里暴涌而出，在海水的降温作用下凝固成岩，产生新的海洋地壳，而较老的大洋底则被推向两侧，这就是海底的扩张方式。

❖ 海底世界

大陆架又称大陆浅滩、陆棚，是沿岸陆地从海岸向内延伸的区域，通常被认为是陆地的一部分，坡度一般较小，起伏也较小，约占海洋总面积的 8%。大陆架有丰富的矿藏和海洋资源，石油、煤、天然气、铜、铁等已探明的 20 多种矿产就位于大陆架；大约 90% 的渔业资源来自大陆架浅海。

❖ 海底世界

海沟是海洋中最深的地方，两壁较陡、狭长，位于大洋边缘，横剖面呈不对称"V"字型。全球大洋中约有 30 条海沟，其中属于太平洋的有 14 条。海沟的深度一般大于 6000 米，宽在 40 ～ 120 千米。太平洋西侧的马里亚纳海沟是世界上最深的海沟，深约 11,034 米，由英国挑战者Ⅱ号所发现。即使是世界第一高峰——珠穆朗玛峰来到这里，也只能乖乖地站在 2000 米深的水下。

深海平原是坡度小于 1:1000 的深海底部，位于水深 2.5 ～ 6 千米处，大陆隆和深海丘陵之间。深海平原是由玄武岩基底上的沉积物披盖形成的，面积占海底总面积的 77%，是大洋盆地重要的组成单元。

Part3 第三章

陆地上的河流

村边有一条弯弯的小河，是妇女淘米、洗衣的场所，也是孩子嬉戏的游乐园，但从来没有人想过它从哪里来，又向哪里去。

河流通常是指陆地上的河流，即陆地表面呈线形的自动流动的水体，由一定区域内地表水和地下水补给，如世界第一大河尼罗河、中国第一大河长江等。在中国河流有不同的称谓，较大的河流称江、河、川、水；较小的河流称溪、涧、沟、渠等。此外还有藏布、郭勒的称谓。河流的水主要来自雨水，其次为季节性积雪融水、冰川融水、湖泊水和地下水等。

每一条河流都有自己的发源地，如黄河的发源地是青藏高原的巴颜喀拉山脉北麓的卡日曲，长江的发源地为唐古拉山脉主峰格拉丹冬雪山西南侧的姜根迪如雪山。河流的发源地，有的是泉水（如北京怀柔的怀沙河、怀九河），有的是湖泊，有的是沼泽，有的是冰川（如塔里木河，河

❖ 河流

水主要来自昆仑山、天山的冰雪融化）。各河流的河源情况也不一样，一般是在高山地方形成源头，如长江的源头为三江源，然后沿地势向下流。河流汇入海洋或其他河流、湖泊、沼泽、水库等的入口叫河口，是河流的终点。在干旱的沙漠区，有些河流还没有到达终点，就因为渗漏和蒸发，消失在沙

漠中，这种河流被称为"瞎尾河"。

每一条河流根据水文和河谷的地形特征，一般分上、中、下游三段。上游紧接河源，多位于深山峡谷，水面水平距离内垂直尺度的变化大，落差大，流速大，常有急滩或瀑布，冲刷力度大，河槽多为基岩或砾石；中游坡段相对缓和，河槽变宽，水面水平距离内垂直尺度变化减小，流速减小，流量加大，冲刷、淤积都不明显，河床较为稳定，但河流侧面的腐蚀力度有所发展，河槽内多为粗砂；下游是河流最下一段，一般位于平原地带，水面水平距离内垂直尺度的变化平缓，流速较小，但河槽宽阔，流量大，淤积明显，浅滩或沙洲较多，因此河槽内细砂或淤泥也较多。而到了河口地带，因为流速骤减，河水携带的大量泥沙淤积，往往形成河口三角洲。

河流分为外流河和内流河。外流河指直接或间接流入海洋的河流。内流河是指流入内陆湖泊的河流或消失于沙漠之中的"瞎尾河"。除外流河和

❖ 河流

内流河之外，还有为沟通不同河流、水系，发展水上交通运输而开挖的运河，也称渠，如为沟通湘江和漓江之间的航运而开挖的灵渠，为分泄河流洪水而人工开挖的减河。中国位于季风区，外流河较多，流域面积约占全国陆地总面积的64%，如长江、黄河、黑龙江、珠江、辽河、海河和淮河等向东流入太平洋；西藏的雅鲁藏布江注入印度洋；新疆的额尔齐斯河注入北冰洋。内

流河流域面积约占全国陆地总面积的 36％，最长的内流河是新疆南部的塔里木河，全长 2179 千米。

❖ 河流

不只陆地上有河流，海底也有河流，称海洋河流，是在重力的作用下，经常或间歇地沿着海底沟槽流动，水流呈线性，河流的水是海水。它像陆地河流一样，能够冲出深海平原，并能带来海洋生命所需要的营养成分。因此，这些海底河流就像是为深海生命提供营养的要道，引来许多科学家的观测与研究。科学家虽然通过声呐探测发现大洋下有许多河渠，但却没有发现河水流动。直到 2010 年，英国科学家在黑海发现一条堪称世界第六大的巨大海底河流，深达 38 米，宽达 800 多米。

喷涌而出的泉

公园里的喷泉下，常有一群孩子在嬉戏。水雾自数米高的空中落下，落在脸上、手臂上，沁凉沁凉的。

泉 是地下水的天然露点，是地下含水层或含水通道呈点状出露地表的地下水涌出现象，是地下水集中排泄的一种主要方式，它的出现受到一定的地形、地质和水文地质条件的控制。只有三者在恰当的配置下，泉才会出露，往往是以一个点状泉口出现，有时是一条线或是一片。基岩山区，断裂构造发育、侵蚀作用强烈的地带，泉比较多，如中国济南市，有"泉城"之称，闻名于世界。济南市市区面积约3257平方千米，大大小小的泉有106个，每小时的总涌水量最大时达8333立方米，是当地重要的生活饮用水水源之一。

❖ 月牙泉

泉在平原地带少见，多出露在山区与丘陵的沟谷和坡脚、山前地带、河流两岸、洪积扇的边缘和断层带附近。它多为河流的水源。在山区，许多清澈的泉汇合成为溪流，在山间、林间缓缓流淌；在石灰岩地区，许多岩溶泉本身就是河流的源头，同时也是河流重要的补给水源。如中国山东淄博的珠龙泉、秋谷泉和良庄泉是孝妇河的水源。

泉的分类方法很多，如按温度分，可分为温泉和冷泉；按含水层的孔隙性质分，分为孔隙泉、裂隙泉、岩溶泉；按照泉水出露时水力学性质划分，可分为上升泉和下降泉。上升泉是承压水的天然露头，是地下水受静水压力作用上升涌出地表而形成，有时可喷涌数十厘米高。上升泉又包括断层泉、自流斜地上升泉和自流盆地上升泉等。泉水流量比较稳定，水温年变化比较小。下降泉主要由潜水或上层滞水补给，是地下水在重力作用下自然溢出地表而形成，水流在出露口附近做下降运动，一般从侧面流出。泉水流量和水温等呈明显的季节性变化。下降泉又包括悬挂泉、侵蚀泉、接触泉、堤泉、溢泉等。

知识小链接

喷泉，是利用水泵等对水或其他液体施加一定压力，通过喷头喷洒出来具有特定形状的组合体，一种是因地制宜，根据地形结构，仿照天然温泉而建造；一种是完全依靠喷泉设备制造的人工喷泉。世界上著名的喷泉有英国伦敦的诺姆甲堡喷泉、美国的华尔兹舞喷泉、日本会跳舞的喷泉、法国巴黎德方斯广场上的阿加姆音乐喷泉等。

❖ 月牙泉

Part3 第二章

神奇的**温泉**

凛冽的泉水带着点甜甜的味道，是上佳的饮用水，可你知道吗，有些泉水竟然是热的！

天然温泉不仅有高观赏价值，而且温泉水中含有多种矿物质，具有医疗价值，如北京小汤山温泉、广东从化温泉、陕西华清池温泉等。温泉只是泉的一种，可是温泉的水为什么是热的？世界上著名的温泉又有哪些呢？

温泉是泉这个大家族里的一员，其水温一年四季都在30℃以上，比周围环境年平均气温高5℃，甚至更高。关于温泉水的温度各国不尽相同，如欧美等国以20℃作为温泉的下限，日本以25℃为温泉的下限，中国于1989年规定25℃是温泉的下限等。形成温泉需要满足3个条件：地下有

天然温泉

热源存在、岩层中有裂隙存在、地层中有存储热水的空间。地球内部的温度很高，2000～2500米处的温度大约有80℃了，30000多米处的温度在1000℃～1300℃，石头都被融化了，越向下温度越高。因此地球内部蕴藏着极其丰富的地热能，据科学家估算，地球内部的地热总蕴藏量约为煤炭总能量的1.7亿倍。

❖ **天然温泉海王**

地热是非常清洁的热能资源，取之不尽、用之不竭。为什么地球内部会有这么高的温度呢？地热主要来源有放射性热、地球转动热和化学反应热等，而地壳的导热率非常低，尤其是地下50～100千米的深度导热率最低，厚厚的地壳像一个大大的罩子，紧紧地包裹着地球内部的热量。

❖ **天然温泉**

温泉又有很多种分类，如按温度分类，25℃～40℃为低温温泉、41℃～60℃为中温温泉、61℃～80℃为中高温温泉、81℃以上当地水沸点以下为高温温泉、高于当地水沸点的为沸泉。

中国大约有2400处温泉点，以中低温温泉为主，约占温泉总数的75%。台湾、广东、福建、浙江、江西、云南、西藏、海南等地温泉较多，其中云南省最多，有600余处。腾冲的温泉最为著名，水温高，富含硫质。

温泉水中含有阴离子 HCO^-、CO^-、SO^-、HSO_4^-、HS^-、Cl^-、OH^-、HPO_{24}^- 等；阳离子 Na^+、K^+、Li^+、Ca^{2+}、MG^{2+}、H^+、Mn^{2+}、Fe^{2+}、Fe^{3+}、Al^{3+}、C_u^+、Z_n^{2+}，还有 HBO_2、$HiSiO_3$ 等。泉水沉积物又称泉华，主要有硫华、硅华、钙华、盐华和金属矿物。硫华是泉水中的硫化氢被氧化，硫黄游离沉淀形成的；

❖ 腾冲天然温泉浴池

硅华是泉水中的二氧化硅在含水层或地表形成的化学沉淀物，是地下存在高温热储的标志；钙华是因泉水中的二氧化碳大量溢出而生成碳酸钙形成的，常见的有钙华锥、丘等，中国龙马尔热泉区有钙华石林，最高的有 7 米；盐华又称盐霜，是热泉水蒸发或土层对泉水毛细作用的产物，如台北的北投石，西藏的无水芒硝、石膏等；金属矿物主要有辰砂、黄铁矿、辉锑矿等。

知识小链接

西藏是中国地热活动最强烈的地区，各种地热有 700 多处，可供开发的有 342 处，发电潜力超过 100 万千瓦。这里的泉水温度多在 80 ℃ 以上。西藏地热约占全国地热总量的 80%。

温泉有独特的医疗价值指的是温泉水中富含的矿物质对人体有医疗价值，如酸性碳酸盐泉中的泉泥可敷脸，美白肌肤；酸性硫酸盐氯化物泉，对皮肤病有疗效；酸性硫黄泉对风湿及脚气有一定疗效等。

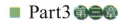

世界上著名的河川与瀑布

咆哮奔腾的大河，飞流直下的瀑布，茫茫的大草原，茂密的森林等，无不让人赞叹世界的神奇。

亚马孙河是世界上流量最大（相当于7条长江）、流域最广、支流最多的河流，长度位于世界第二。它发源于秘鲁境内的安第斯山脉，源头为马拉尼翁河，主要为冰川融水。上游山势较高，水流落差大，速度很快，冲刷出气势磅礴的安第斯山脉东麓大峡谷。自西向东流，沿途接收了安第斯山脉东坡、圭亚那高原南坡、巴西高原西部和北部1000多条河流的进贡，形成庞大的亚马孙河水系网。

❖ 亚马孙河

育空河是北美洲第三长河，全长3185千米，流域面积85万平方千米。它发源于加拿大落基山脉，源头是加拿大育空地区的麦克尼尔河，流经阿拉斯加，横穿育空高原，最后奔腾的脚步停留于白令海。补给水主要是冰雪融水，7月~8月为洪水期，但因所处地气候严寒，一年中有9个月冰封，下游河口渔业资源丰富。1896年因在其支流郎代克河发现金矿而闻名于世。

长江三峡是世界上最壮丽、狭长的峡谷之一，是中国十大风景名胜区之一，包括瞿塘峡、巫峡、西陵峡。起点是四川奉节白帝城，终点是湖北宜昌南津关，全长208千米。峡长壁陡、谷窄滩多、水急浪大、峰奇洞多等是其

❖ 维多利亚瀑布

独有的特征。瞿塘峡又称夔峡，雄伟险峻，包括风箱峡、错门峡，是三峡中最短、最窄、最雄伟的峡谷，有"瞿塘天下雄"之称；巫峡又称大峡，幽深秀丽，包括金盔银甲峡和铁棺峡，是三峡中最长、最整齐的峡谷；西陵峡的西侧为兵书宝剑峡和牛肝马肺峡，东侧为崆岭峡和灯影峡，滩多流急。

❖ 长江三峡

维多利亚瀑布，又称莫西奥图尼亚瀑布，意思是"声如雷鸣的雨雾"，是世界最大的瀑布之一。它位于非洲南部赞比西河中游的巴托卡峡谷区，瀑布落差106米，宽约1800米，浪花溅起达300米。新月升起时，水雾中可映出色彩绚丽的月虹。当地的科鲁鲁人将这条瀑布视为神物，将彩月虹视作神的化身，并在东瀑布举行祭神仪式。关于维多利亚瀑布还有一

❖ 尼亚加拉瀑布

个美丽的传说：据说在瀑布的深潭下面，一群貌美如花的姑娘们日夜不停地敲着非洲的金鼓，咚咚的金鼓声变成了瀑布的轰鸣声；姑娘们身上穿的五彩的衣裳被太阳变成了瀑布中美丽的七色彩虹；而姑娘们载歌载舞溅起的欢乐水花则变成了漫天的云雾。

尼亚加拉瀑布在印第安语中的意思为"雷神之水"，是世界上最壮观的大瀑布之一。它横跨美国和加拿大两国的界河——尼亚加拉河，被戈特岛一分为二。东瀑布位于美国境内，呈婚纱型，称"亚美利加瀑布"，宽305米，落差50.9米；西瀑布位于加拿大境内，呈马蹄形，称"马蹄瀑布"，宽793米，落差49.4米。

伊瓜苏瀑布，是世界上最宽的瀑布，位于阿根廷和巴西边界上的伊瓜苏

❖ 伊瓜苏瀑布

河上。它呈马蹄形，高82米，宽4千米，平均落差80米。峡谷顶部是瀑布的中心，水流大而猛，有"魔鬼喉"之称。悬崖边缘有许多岩石岛屿，伊瓜苏河在此跌落时化成275股细小的急流或泻瀑，像一方美丽的水帘。每年11月～次年3月为雨季，瀑布每秒的最大流量可

达12,750/秒立方米，年平均约为1756立方米/秒。1984年被列为世界自然遗产。

Part3 第三章

星罗棋布的**湖泊**与**沼泽**

湖泊就像大陆上的一颗明珠，闪烁着耀眼的光芒，而沼泽总会给人带来阴暗的印象。

湖泊有不同的分类，如按湖水排泄条件分，可分为外流湖和内陆湖；按照湖水矿化程度分，可分为淡水湖、咸水湖、盐湖。淡水湖是指以淡水形式积存在地表的湖泊，又包括封闭式和开放式两种。中国较为重要的淡水湖有鄱阳湖、洞庭湖、太湖、洪泽湖、微山湖、巢湖、滇池和洪湖。并非所有的淡水湖都没有盐分，少数淡水湖中也有盐分流入，但因湖水的流入和流出在较长的时间内是平衡的，所以这些湖泊仍然是淡水湖。咸水湖是湖水中含盐量（1%以上）较高的湖。盐水湖主要有两种，一种是古代海洋的遗迹；一种是内陆河流的终点，因河水中矿物质浓缩而变成咸水湖。水中各种盐类有100余种，含量大于35克/升，多为氯化物。中国知名的咸水湖有青海湖、罗布泊、纳木错等，世界著名的咸水湖有里海、死海、大盐湖、艾尔湖等。

洞庭湖原为中国最大的湖泊，但19世纪以来，因为泥沙淤积和盲目地围垦使面积不断缩小，现成为中国的第二大湖。2012年，鄱阳湖提前进入枯水期，水面缩小近3000平方千米，逐渐向沼泽转化。为什么

❖ 洞庭湖

会转化为沼泽呢？

❖ 洞庭湖

湖泊是陆地上相对封闭的洼地积水形成的，水域比较宽广，水体交换缓慢，湖水有淡有咸。湖泊的形成有多种形式，火山喷发后的火山口可形成火山湖，如中国著名的长白山天池；冰川作用可形成冰川湖，如中国的新路海；地壳运动可形成构造湖，如坦噶尼喀湖、贝加尔湖等；这些都是自然形成的。还有一种湖泊就是人工湖，是人类根据需要而建造的湖泊，如水库等。沼泽是长期浸泡在积水中、水草茂密的泥泞区域。它是多种自然因素综合作用的结果，土壤表层持续过湿是沼泽形成的直接因素。不仅沿海的低地、河流沿岸可以形成沼泽，有的湖泊也可能失去"上天的照顾"而形成沼泽。一般情况下，沼泽分布在洼地、湖滨、河漫滩及地下水接近地表的地区。世界上的沼泽主要集中在亚洲、欧洲和北美洲。

沼泽的来源有两种，一种是水体沼泽化，如湖泊、河流等；一种是陆地沼泽化，如草甸、森林、冻土等。

湖泊沼泽化的过程分为两种，一种是缓岸湖泊沼泽化：湖泊长期经泥沙淤积，湖水变浅，干枯地带生长出带状丛生植物。植物死亡后沉于湖底，逐渐变成泥炭，湖水变得更浅。直至最后，整个湖底被泥炭覆盖，植物丛生的沼泽地取代湖泊；一种是陡岸湖泊沼泽化：背风的陡岸湖边，各种杂草丛生，交缠在一起成为"浮毯"。在风的助力下，灰尘、沙土、石子等在浮毯上堆积。日久天长，浮毯越来越大，下层的植物死亡体脱离大家族，落入湖底，形成泥炭。长此以往，湖泊变浅，水面变小，直至被沼泽地所取代。

知识小链接

长白山天池，由火山喷发后形成，是中国最深的湖泊，位于吉林省，是中国和朝鲜的界湖。补给水主要为降雨和雪水，其次是地下泉水。水温在60～80℃，水中富含硫化氢，对关节炎、皮肤病有疗效。

八百里洞庭湖

中国的沼泽约 11,000 平方千米，主要分布在大兴安岭、小兴安岭、长白山、阿尔泰山、天山坡麓、川西若尔盖地区、三江平原等。大部分沼泽处于富营养发育阶段，有些沼泽地上有许多牧草生长，如青藏高原上的沼泽牧场是当地重要的冬春牧场。

Part3 第三章

光怪陆离的**湖泊**

湖泊是鱼、虾的自然栖息地，但有些湖泊却不能生存生物。

尼斯湖，英国最大的淡水湖泊，位于苏格兰高原北部的大峡谷中，面积不大，平均深度却达 200 米，声呐测得的最深深度是 297.18 米。尼斯湖的湖水水温非常低，而且湖水中充满了泥煤，能见度不过几米。湖水来自奥伊赫河和安瑞科河，通过尼斯河江入北海。尼斯湖因为"水怪"的踪迹而赫赫有名，许多人都声称在这里看到了水怪的身影。公元 565 年，爱尔兰传教士声称在尼斯湖看到了水怪，在以后的十多个世纪当中，有关水怪出现的记录达 1

❖ 尼斯湖

万多宗，但都没有留下确切的证据。1934 年伦敦医生威尔逊拍下了水怪的照片，水怪的模样像早已绝种的蛇颈龙。

纳库鲁湖，有"观鸟天堂"之称，是火烈鸟的天堂，位于肯尼亚裂谷省首府纳库鲁市。占地面积 188 平方千米，有约 200 多万只火烈鸟，占世界火烈鸟总数的 1/3，这些鸟或分散在湖水中，或栖息在浅滩上。湖中除了火烈鸟外，还有疣猴、跳兔、无爪水獭、岩狸、黑犀牛等，堪称"世界禽鸟王国中的绝景"。

贝加尔湖，有"西伯利亚的蓝眼睛"之称，是世界上最深、容量最大的淡水湖，横跨俄罗斯伊尔库茨克州和布里亚特共和国。湖形狭长弯曲，犹如一弯新月。每年有 5 个月冰封期，生活着海豹、海螺、龙虾等海洋生物。贝加尔湖还有一个奇特的现象，那就是阳光可以透过冰层将热能输入湖水，从而形成温室效应。

西藏五彩湖，位于藏北部无人居住的山间小平原上，水色变化多端，从上空俯瞰，仿佛一条色彩斑斓的彩绸。水面闪耀着红、黄、白、绿、蓝5种颜色。为什么湖泊会有这么多颜色呢？五彩并非是湖水的颜色，而是由于颜色不同的土层及湖水对阳光的散射才出现了5种颜色。微风拂过，水波荡漾，犹如一条彩虹立在水中央。此外，四川九寨沟也有一个美丽的五彩湖。

赫利尔湖，湖水为粉红色，位于澳大利亚的米德尔岛上，呈椭圆形，犹如蛋糕上的糖霜。赫利尔湖是咸水湖，宽约600米，湖水较浅，沿岸布满晶晶白盐。科学家通过研究发现，湖水之所以为粉红色，是因为湖水中的一种水藻，水藻产生了一种红色色素。

日内瓦湖，法语称莱芒湖，是阿尔卑斯湖中最大的一个湖泊。日内瓦湖

❖ 贝加尔湖

❖ 西藏五彩湖

是罗纳冰川形成的，横跨瑞士和法国，形如新月。最引人注目的风景是人造日内瓦喷泉，用强大电力使湖水喷出一股白练似的水柱，高达 145 米，在日内瓦城的任何一个角落都能看到它美丽的身影。

❖ 纳库鲁湖

莫兰湖，是世界公认的最有拍照价值的湖泊，位于加拿大的班夫国家公园内。湖面静谧，湖水是神秘的宝石蓝色，晶莹剔透。莫兰湖犹如一块宝玉蜗居在锯齿状的山谷中，四周是皑皑白雪的高山和针叶状的丛林。

图尔卡纳湖，东非第四大湖泊，位于东非大裂谷内。面积 6405 平方千米，海拔 375 米。湖无出口，湖中主要有北岛、中岛和南岛 3 个岛屿，它们都是火成岛。盛产尖吻鲈、虎鱼、多鳍鱼等鱼类，还有鳄鱼和河马，常见的鸟类有红鹳、鸬鹚和翠鸟等。该湖是由泰莱基伯爵和路德维希·冯·赫纳发现的。

Part3 第三章

广阔、荒芜的**沙漠**

沙漠的昼夜温差很大，正中午的沙漠可以煮熟鸡蛋；夜晚的沙漠穿着厚厚的棉衣还会瑟瑟发抖。

在干旱地区，地表被沙丘覆盖的区域就是沙漠，沙漠与荒漠有所不同。广义的沙漠与荒漠相当，狭义的沙漠仅指沙质荒漠。

简而言之，沙漠是荒漠地形的一个种类。荒漠是指大陆上降雨稀少、植被稀少、地面裸露的地区，占地球陆地总面积的 1/10 左右。除了沙漠外，荒漠中还有许多由挟带着沙粒的风侵蚀出来的地形，大多位于多岩石高原的边缘。戈壁滩也属于荒漠的一种。

❖ 沙漠

干燥的气候是沙漠形成的主要原因。如在地球南北纬 30 度附近，处在亚热带高压带的控制下，年降水量不足 254 毫米，这里有两条鲜明的沙漠带，一条是南半球的卡拉哈里和澳大利亚大沙漠；另一条是北半球的撒哈拉、阿拉伯和印度大沙漠。其次，海上的潮湿空气吹不到的内陆及大山脉的下风处，也容易形成沙漠。此外，气温较高的海岸也容易变成沙漠。

沙漠里的风很强，各类风蚀地貌和风积地貌是它卖弄的结果，多分布在沉积物丰厚的内陆山间盆地和剥蚀高原面上的洼地和低平地上，除了干旱气候条件外，沙漠物质来源也是其形成的条件。沙漠的温度通常很高，昼夜温差大，许多沙漠是世界上数得上的高温地区。

撒哈拉沙漠，世界上最大的沙漠，第二大荒漠（第一大荒漠为南极洲），约形成于 250 万年前，年降水量不足 25 毫米，昼夜温差超过 30℃。它是世界上阳光最多的地方，同时也是世界上自然条件最严酷的沙漠。撒哈拉沙漠又分为西撒哈拉、中

❖ 沙漠

部高原山地、特内雷沙漠和利比亚沙漠。枣椰树是撒哈拉沙漠主要的树木和食物来源，此外还有柠檬果、无花果等。

并非所有的沙漠都是自然形成的，有些沙漠是人为造成的。原生植被由于战争、不合理的"牧变耕"、过度放牧和樵采等遭到破坏，地面裸露于空气中，在干旱气候和大风作用下，逐渐沙漠化而形成沙漠。如中国内蒙古大草原因过度放牧，每年春秋时期沙尘随风飘扬形成沙尘暴，伊克昭盟仅因樵采就使巴拉草场沙化的面积达 2000 平方千米；1908 年~1938 年，仅仅 20 年时间，美国就因为滥伐森林使 6000 万公顷绿地变成了沙漠；仅仅因为 1954 年~1963 年 9 年的垦荒运动，苏联中亚草原就已沙漠化。

沙漠地区，干旱少雨，温差大，风力大，再加上植被稀少，多为光秃秃的岩石、陡峭的悬崖和干涸的河谷。造成沙漠这种地貌的原因曾引起争议，曾有科学家

❖ 沙漠

认为太阳的热量晒裂岩石是塑造沙漠地貌的主要原因，但现在更多的科学家认为风化也是沙漠塑造地貌的重要过程，如形成蘑菇石、风棱石等。沙漠中

❖ 沙漠

还有许多形态各异、风景独特的沙丘。中国最美的沙漠是沙坡头、鸣沙山月牙泉、内蒙古响沙湾、宁夏沙湖、内蒙古库布齐、内蒙古腾格里沙漠月亮湖。

　　沙漠中也有植物的踪迹，多为抗旱或抗盐的沙漠植物，有些在根、茎、叶里储存水，有些根系发达，能够深入地下水层。梭梭、仙人掌、肉苁蓉、蒙古沙冬青等都属于沙漠植物，抗风沙、顶烈日、耐干旱。绿洲是沙漠中水源丰富、植物集中的地带。

　　绿洲是沙漠的传奇存在，有比较丰富的地表水或地下水资源，土壤也较为肥沃，是沙漠中相当神奇的异质生态景观。它多分布在河流或井、泉附近，以及有冰雪融水浇灌的山麓地带，多呈带状。绿洲大小不一，有的仅有一片棕榈树；有的可达数百平方千米，如沙特阿拉伯的首都利雅得。绿洲就像镶嵌在沙漠里的珍珠，闪烁着神奇的色彩。

> **知识小链接**
>
> 　　戈壁滩，世界第五大沙漠，东西约 1600 千米，南北约 970 千米，总面积约 130 万平方千米。它是因为喜马拉雅山的雨影效应阻挡了雨云抵达戈壁地区而形成的。粗砂、砾石是戈壁滩独有的特征，按成因可分为风化、水成和风成 3 种。

世界十大**高原**

高原素有"地球的脊梁"之称，巍然屹立于大地上，"威武不能屈，富贵不能淫"。

高原是陆地表面最基本的地貌类型之一。海拔高度1000米以上，面积广大，地形开阔，一侧或周边有明显的陡坡为界，顶部相对平坦的大面积隆起地区称为高原。

高原素有"大地的舞台"之称，按顶部的形态划分，又分为3种：顶部较平坦的高原，如内蒙古高原；顶部起伏比较大的高原，如青藏高原；第三种是分割平原，如云贵高原。高原分布较广，周围多分布着大大小小的盆地，总面积约占地球陆地面积的45％。中国有四大高原，分别为青藏高原、内蒙古高原、黄土高原和云贵高原，集中分布在地势第一、第二阶梯上。

❖ 青藏高原

高原是在长期连续的、大面积的地壳抬升运动中形成的，因为抬升速度超过了外应力的侵蚀或剥蚀，地表呈隆起的正地形。高原表面是低山、丘陵和宽谷盆地的共同组合体，有的宽广平坦，地势起伏不大；有的山峦起伏，地势变化很大。平坦的高原的形成年代较短，低矮的平原形成年代较长，长期受到风化侵蚀。以中国的青藏高原为例，2.8亿年前的青藏高原所在地还是波涛汹涌的辽阔海

❖ 帕米尔高原

洋，5000 万年前开始隆起，现在每年大约上升 1 厘米。如今的青藏高原横贯欧亚大陆的南部地区。

　　世界十大高原分别为青藏高原、帕米尔高原、玻利维亚高原、巴西高原、南极冰雪高原、埃塞俄比亚高原、墨西哥高原、云贵高原、亚美尼亚高原及格陵兰冰雪高原。

　　帕米尔高原，有"世界屋脊"之意，中国古代称不周山、葱

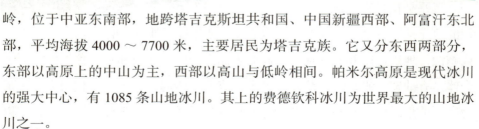

❖ 玻利维亚高原

岭，位于中亚东南部，地跨塔吉克斯坦共和国、中国新疆西部、阿富汗东北部，平均海拔 4000 ～ 7700 米，主要居民为塔吉克族。它又分东西两部分，东部以高原上的中山为主，西部以高山与低岭相间。帕米尔高原是现代冰川的强大中心，有 1085 条山地冰川。其上的费德钦科冰川为世界最大的山地冰川之一。

　　玻利维亚高原，是玻利维亚的高山内陆盆地，位于西科迪勒拉山脉与

东科迪勒拉山脉之间。全区分为北部高原、中部高原和南部高原3部分。北部高原受喀喀湖和雷亚尔冰川影响，是整个高原最潮湿的地区，适宜发展农业，为人口集聚地。中部和南部高原气候干燥，大部分面积为荒漠覆盖。玻利维亚高原矿产资源丰富，主要有锡、锑、钨等。

知识小链接

喀斯特，意思是岩石裸露的地方，分布在可溶性岩石地区。喀斯特根据出露条件可分为裸露型喀斯特、覆盖型喀斯特、埋藏型喀斯特。较为著名的喀斯特地区有中国广西、云南、贵州，法国中央高原、俄罗斯乌拉尔山等。

巴西高原，世界上面积最大的高原，横跨南美洲中部、巴西东南部，位于亚马孙平原和拉普拉塔平原之间。它的面积为500多万平方千米，海拔300～1500米，大部分地区属热带草原气候。雨季的巴西高原是良好的天然牧场。岩石主要为花岗岩、片麻岩、片岩、千枚岩、石英岩等。巴西的新首都巴西利亚就位于此高原上。

南极冰雪高原，南极洲的内陆高原，中央由海拔超过3500米的巨大圆丘形冰穹组成。东南极冰盖的最高点就是高原上的阿尔戈斯冰穹。气候严寒，年平均温度为零下50℃，最低气温为零下89.2℃。自19世纪20年代南极洲被发现后，各国政府先后对南极洲的部分地区提出了主权要求，为这片洁白的世界笼罩上了阴影。

❖ 巴西高原

埃塞俄比亚高原，又称阿比西尼亚高原，位于非洲东北部，面积约105万平方千米。塔纳湖是高原上最大的湖泊，阿巴伊河为尼罗河水系中的主要水源。高原上的植被依次为沙漠干旱草原、热带草原、森林、高山草地、荒漠，是古人类最早的起源地之一。西南部的咖法地区是世界著名的咖啡原产地。

❖ 云贵高原

　　墨西哥高原，位于墨西哥境内，东、西、南三面被马德雷山脉所环绕，面积66.6万平方千米，海拔800～2500米，占全国面积的5/6，故墨西哥又称"高原之国"。形如桌子，又称"梅萨"。高原上主要有墨西哥、瓜达拉哈拉、托卢卡等谷地，是墨西哥人的主要聚集地。

　　云贵高原，中国四大高原之一，分为云贵高原和贵州高原，位于中国西南部。大部分地区为长江、珠江等水系流经区域。石灰岩分布区喀斯特地貌齐全。高原上著名的城市有昆明、大理。

　　亚美尼亚高原，因位于亚美尼亚地区而得名。主要有熔岩流凝成的山原构成，横跨亚美尼亚、格鲁吉亚、土耳其、阿塞拜疆及伊朗五国。高原上最大的湖泊是塞凡湖。

　　格陵兰冰雪高原上冰雪覆盖，为仅次于南极洲的冰雪高原。一年四季均有暴风雪，为"地球第三寒"。

Part3 第三章

地球上的大伤痕——东非大裂谷

> 中国有一条美丽的大峡谷，它的名字叫雅鲁藏布江大峡谷；东非也有一条神秘的大峡谷，名字叫东非大裂谷。

东非大裂谷，世界陆地上最长的裂谷带，长度是地球周长的1/6，有"地球表皮上的一条大伤痕"之称。它南起赞比西河河口，向北经希雷河谷至马拉维湖北部，然后分成东、西两支。西支沿维多利亚湖西侧，经鲁夸湖、坦噶尼喀湖、基伍湖、爱德华湖，最后到达艾伯特湖，全长1700多千米，乞力马扎罗山、肯尼亚山、尼拉贡戈火山等横亘期间，并且有30多个湖泊，像一串美丽的珍珠穿在一起。东支裂谷是主裂谷，沿维多利亚湖东侧，向北经过坦桑尼亚境内、肯尼亚的图尔卡纳湖，后转向西北再折向东北贯穿埃塞俄比亚中部，抵红海

❖ 东非大裂谷

沿岸，而后由红海向西北延伸，经过亚喀巴湾、死海，直至约旦河谷地，总长6400多千米。其中4000多千米在非洲大陆境内。

地质学家认为大裂谷是陆块分离的地方。3000万年以前，因为地壳的断裂运动而发生断裂，断裂带两侧的陆块逐渐向外扩张。地下喷涌而出的熔岩渐渐形成了熔岩高原，断裂的下陷带成为如今的大裂谷谷地。东非大裂谷下陷开始于渐新世，主要断裂运动发生在中新世，一直延续到第四纪。北段形

❖ 东非大裂谷

成红海，使阿拉伯半岛与非洲大陆分离。与此同时，马达加斯加岛也与非洲大陆分开。

裂谷带平均宽约 48～65 千米，各地宽度不一，总体上呈北宽南窄趋势，最宽处 200 千米以上。两侧陡崖壁立，谷深也不尽相同，浅处数百米，深处可达 2000 米。谷底分布有一系列洼地、盆地和湖泊。在裂谷带的形成和发展过程中，同时进行着强烈的火山活动，因此此处火山林立，熔岩广布。早期火山活动多为裂隙喷发型，岩浆沿地壳裂隙喷涌而出，形成从马拉维到红海沿岸广大的熔岩高原和台地，如埃塞俄比亚高原平均海拔 2500 米以上。后期火山活动多为管状喷发型，堆积成高大的锥形火山群，主要位于西支大裂谷，乞力马扎罗山就是

知识小链接

雅鲁藏布江大峡谷，与东非大裂谷相媲美的峡谷。在峡谷无人居住的核心地带有 4 处罕见的瀑布群。大峡谷具有从高山冰雪带到低河谷热带季雨林等 9 个自然带，是动植物生活的天堂。整个大峡谷内冰川、绝壁、陡坡、泥石流和波涛汹涌的大河交错在一起，许多地方还没有人类的足迹，被称为"地球上最后的秘境"。

其中之一，最高峰基博峰海拔5199米。在漫长的地质历史当中，有些火山已经死去，有些火山仍在垂死挣扎，如尼拉贡戈山、尼亚姆拉占拉山等均属活火山。活火山的存在，使峡谷沿断层裂隙分布着许多温泉和喷气孔。目前，东非大裂

❖ 东非大裂谷

谷仍然在活动，据地质学家预测，几百万年后，东非大裂谷可分裂成不同的板块形状。

大裂谷共有30多个湖泊，有名的有坦噶尼喀、阿贝湖、马拉维湖、图尔卡纳湖、纳瓦沙湖、纳库鲁湖等，均为典型的断层湖。坦噶尼喀湖长度相当于其最大宽度的10.3倍，最深处达1436米，为世界第二深湖；

❖ 东非大裂谷

马拉维湖长度相当于其最大宽度7倍，最深达706米，为世界第四深湖；纳瓦沙湖和纳库鲁湖是鸟类理想的栖息地，约有400种；马加迪湖盛产天然碱。大峡谷湖泊地带生活有大象、河马、非洲狮、红鹤、狐狼等珍贵野生动物。

东非大裂谷是人类文明最古老的发源地之一。20世纪50年代发现的史前人的头骨化石，距今200万年前。1972年又发现了距今290万年的头骨，被认定为是从猿到人过渡阶段的能人。3年后，又发现了距今350万年的能人遗骨，这证明了350万年前大峡谷已经存在会直立行走的人类。

■ Part3 第三章

雄奇险峻的**山脉**

山，是大家都熟悉的陆地地貌之一，在中国耳熟能详的有泰山、衡山……

山 是高高隆起，海拔在 500 米以上，坡度较陡的高地。世界上的山只有极少数是形单影只、形影相吊的，大部分是聚堆儿的，一座连着一座，形成山脉群，绵延起伏，如中国的太行山山脉等。山脉多集中在碰撞板块交界处。山脉与山脉相连，又形成了山系，如北美洲的科迪勒拉山系。

山也有不同的分类，按高度划分，可分为高山（主峰高于 1000 米）、中

❖ 山脉

山（主峰在 351～999 米之间）和低山（主峰为 150～350 米）。按照形成原因，分为因陆地岩石板块和海洋岩石板块相撞使整个地势升高而形成的山脉和因两个陆地板块碰撞使一块叠压在另一块之上而形成的山脉，如喜马拉雅山脉。山脉与山脉交接处称为山结；山岭或山脊的鞍状坳口称山口；山地中较大的条形低凹部分称山谷。

❖ 山脉

喜马拉雅山虽然非常高大，但它刚形成的时候并不是现在的样子。山的年龄大得惊人。6500 万年的山还是"幼年山脉"，3 亿年以上的山脉才能称为"老年山脉"。老年山脉长时间受风雨的侵蚀，所有的棱角已经被磨平，呈现出比较圆滑的曲线，如俄罗斯的乌拉尔山脉；幼年山脉的山体棱角分明，如喜马拉雅山脉。

地球第一高峰是珠穆朗玛峰，西藏人称其为"第三女神"，海拔 8844.43 米，而且每年都在上升。全世界共有 15 座山峰超过 8000 米，其中的前十名大半都位于中国和尼泊尔边境的喜马拉雅山脉，因此，喜马拉雅山脉有"高山集中营"之称。

❖ 山脉

山上的气候随高度呈垂直分布，海拔越高，气温就越低。山脚春意盎然，山腰秋高气爽，峰顶却覆盖着厚厚的冰雪。

野山羊、猴子等是山地常见的动物，它们都是攀登能手。野山羊奔跑起来像一支利剑，并且能爬到很陡峭的地方躲避猎食者。

❖ 山脉

　　土壤肥沃的山坡是梯田大展身手的地方，在江南山岭地区分布着广阔的梯田，如云南哀牢山元阳梯田、广西龙胜龙脊梯田和湖南新化紫鹊界梯田等。

　　乞力马扎罗山，非洲最高的山，有"赤道雪峰""非洲之王"等称呼。它是由火山喷发而形成的，位于炎热的赤道附近，头顶一副冰雪"帽子"静静地站在那里，犹如一个气势凶猛、严肃刻板的国王。美国作家海明威曾以此为背景创作了一篇名作——《乞力马扎罗的雪》。

　　南美洲安第斯山脉上有两座尖尖的角峰对立着，就像被人用巨斧劈开的一样，是安第斯山脉上最著名的自然景观之一。

　　中国是一个多山的国家，山脉多呈东西和东北—西南走向，主要山脉有昆仑山脉、喜马拉雅山脉、阴山山脉、太行山山脉等。世界上海拔在 7000 米以上的 19 座山峰中，有 14 座位于中国境内和国境线上。中国的五岳名山为东岳泰山、西岳华山、南岳衡山、北岳恒山、中岳嵩山；中国佛教四大名山为山西五台山、四川峨眉山、安徽九华山、浙江普陀山；中国道教四大名山为湖北武当山、江西龙虎山、安徽齐云山、四川青城山。

Part3 第三章

冰雪的世界——南北极

南北极是地球的两极，那里是一个神秘的世界。那里的太阳像一个调皮的孩子，与人们玩着藏猫猫的游戏。午夜的高空中可以悬挂着耀眼的太阳，温柔的阳光普照整个大地，而到了中午，黑暗使笼罩着整个雪原。这里还有色彩绚丽的极光，绿色、紫色和金色的极光照亮整个天空，像一支绚烂的烟花绽放在天空。

极地寒冷而干燥，拥有全球最严酷的生态系统，这里没有人类居住，只有位于极地生态系统边缘的苔原地带的苔藓、地衣、耐寒灌木和多年生草本植物的踪迹，这些植物都是抵抗干旱、寒冷的好手。

南极洲是七大洲中平均海拔最高的洲，平均海拔为 2350 米，总面积约 1390 平方千米，位居世界第五。大部分地方覆盖着厚厚的冰层，平均厚度达 2000 米，有"冰雪高原"之称。南极洲是

❖ 南极企鹅

一个巨大的天然冰窟，储存的冰占世界冰总面积的 90%，拥有地球上 70% 的淡水资源。如果南极洲的冰全部融化，陆地上的许多沿海平原、岛屿和平地等将不复存在。企鹅是南极的标志，有"南极精灵"之称。

企鹅，善于游泳而没有飞翔能力的海鸟。背部黑色，腹部白色，脚生长于身体最下端，可以直立行走。企鹅是由法国船长于 1620 年发现的，最初的名字为有羽毛的鱼。企鹅总共有 18 种，全部分布在南半球，主要从头部色型和个体大小进行区别。它以小鱼、磷虾为食，天敌是豹斑海豹，还有海狮、虎鲸等。

北极圈是北寒带和北温带的分界线，其内大部分为北冰洋，包括了格陵兰岛、北欧、俄罗斯北部、加拿大北部。北极圈内的岛屿很多，最大的岛屿是格陵兰岛，它披着一层厚厚的"冰被"。苔原也是北极的组成部分，被称为"没有树的大陆"。北极熊是北极的标志，动物还有海豹等。

北极熊，又名白熊，是世界上最大的陆地食肉动物，最大的北极熊体重可达 900 公斤。它与众不同的皮毛使其能够适应寒冷的气候。北极熊的皮肤是黑色的，毛却是白色的。它的毛又长又密，每根毛都是中空的管子，紫外光可以通过管芯将热量传递给皮肤，这样北极熊就不怕严寒了。栖息于北极附近海岸或岛屿地带，常随浮冰漂泊。北极熊的动作非常敏捷，时速可达 60 千米，是世界冠军的 1.5 倍。主要以海豹、鱼及鸟为食。

❖ 北极熊

海豹，全世界均有分布，以南北两极最多。海豹虽然也为肉食性动物，但没有一点儿豹子的迅猛和凶狠。海豹身体呈纺锤形，体重在 20 ～ 30 千克之间。它们的性情比较温和，四肢均为鳍状肢，行动迟缓，像菜青虫一样爬行。身体里储存有一层厚厚的脂肪，厚达 25 厘米，可以防止体温散失。以鱼、贝类为食，与海狮、海象为近亲。

在发明破冰船之前，科学家只能望"浮冰"兴叹，因为海上漂浮着的一块一块的浮冰，成了阻隔窥觑者的一条不可逾越的障碍，使许多极地来访者失望而归。破冰船的出现帮助极地探险者实现了梦想。人类利用破冰船破冰

❖ 南北极风光

造路，保障舰船能够自由地进出冰封港口和锚地。

南极科学考察站是人类考察研究南极的落脚地，截至 2006 年，已经有 30 个国家在南极建立了考察站。1985 年，中国在乔治王岛上建立了第一座南极科学考察站——长城站，为常年性科学考察站。中国正式开始了对南极的科学考察，并取得了一定的成绩。1989 年，中国第二座科学考察站——中山站成立，位于东南极大陆拉斯曼丘陵。至 2010 年，中国已成功进行了 26 次科学考察活动。

Part3 第三章

独占一块大陆的国家——澳大利亚

作为世界上唯一一个独自占据一整个大陆的国家，澳大利亚成了人们心中的憧憬。

澳大利亚和新西兰共同位于南半球的大洋洲，但其独占整个大陆，面积足有西欧的两倍大，是世界上土地面积第六大的国家。

由于其长期与其他大陆分离，不仅有与众不同的生态系统，更有着独特的地形。东部是连绵的高原，沿海有狭窄的缓坡，自东向西，逐渐发展成平原，中西部地区多崎岖，有着广袤的沙漠、平顶的山脉。沿海是宽广的沙滩和葱郁的草木，地形多变。如布里斯班北面雄伟的格拉斯豪斯山脉、美丽的侵蚀火山颈，澳大利亚首都悉尼市西面陡峭的葛拉思豪斯山脉等。位于墨累—达令盆地形成的澳大利亚最长的两个河流系统，墨累河和达令河流域面积占大陆总面积的 14%，高达 100 多万平方千米。

❖ 澳大利亚

但由于澳大利亚平均年降雨量仅为 465 毫米，而且不同年份的降雨量变化幅度还很大，不同的地区降雨量又不均匀，导致约 70% 的国土位于干旱或半干旱地带，整个大陆约 1/3 以上的国土被沙漠覆盖，占澳大利亚地区 20%

的国土，非常不适合人类生存。靠近大陆中心是最干旱的地区艾尔湖流域盆地。艾尔湖长期处于干涸状态，年平均降雨量还不够 125 毫米，面积超过 9000 平方千米。塔斯马尼亚州的西南地区及东北的热带地区则是澳大利亚最湿润的地方。因此，澳大利亚大部分人口都选择居住在土地肥沃、降水量充足的沿海地带。其中，大陆南海岸气候凉爽，北部热带气候湿润舒适，东西两侧温暖又不太炎热。整体而言，冬季气候温和湿润，夏季温暖多雨，可以说气候舒适宜人。

知识小链接

大洋洲：主要包括澳大利亚、新西兰、新几内亚、巴布亚新几内亚、密克罗尼西亚和波利尼西亚等 14 个独立国家。在亚洲和南极洲之间，东临太平洋，西邻印度洋，与南北美洲隔海相望。大洋洲陆地总面积约 897 万平方千米。

虽然整体来说，澳大利亚没有广阔肥沃的土地，也没有四季分明的气候，但由于其丰富的物产，多元的文化，吸引了来自世界各地的移民，其中出生在澳大利亚以外地区的国民高达 20%。并且，澳大利亚是全世界第四大农业出口国，也是全世界矿产出口量第一的国家，成为南半球经济最发达的国家。

❖ 澳大利亚风景

解密非洲大陆

独特的地理环境、丰富的资源、灿烂的文明、优美的景色无不是非洲大陆的优点。对于它，我们又怎能漠然不知？

非洲的全名叫阿非利加洲，是世界第二大陆。"阿非利加"在梵文中意为"印度西边大陆"，在拉丁语中意为"阳光灼热"，在腓尼基语中意为"富饶肥沃的水果之乡"。

首先让人感叹的是非洲独特的地理环境，丰富的自然资源。非洲的平均海拔是 750 米，其中海拔 500~1000 米的高原约占整个大陆面积的 60% 以上，海拔 2000 米以上的山地和高原也有 5% 之多，岛屿和山脉较少。所以总的来说，非洲是一个高原大陆，且地势较为平坦。赤道横贯非洲大陆中部，3/4 的地区全年几乎都是夏天，平均气温在 20℃以上，因此人称"热带大陆"。非洲拥有世界上最大的沙漠——撒哈拉沙漠，面积约为 945 万平方千米；世界上最长的河流——尼罗河，长度约为 6600 千米；世界上最大的断层陷落带，东非大裂谷，长达 6400 多千米；世界第二大淡水湖，东非高原的维多利亚湖，面积约为 69,400 平方千米；非洲最高的山峰，人称"赤道边上的白雪公主"的乞力马扎罗山，海拔约为 5895 米。非洲的自然资源也是异常

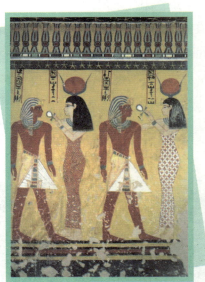

❖ 非洲大陆之旅——古埃及壁画

赤道半径 6378.2 千米，周长 40,075.7 千米，是地球表面的点随地球自转产生的轨迹中周长最长的圆周线，是南北半球的分界线，是划分纬度的基线。赤道穿过的气候区有热带草原气候、高地气候和热带雨林气候。活动于赤道的天气系统有赤道辐合带、赤道西风、信风等。

丰富的，矿产、农业、林业和水力等，应有尽有。矿产方面，拥有最重要的 50 种矿产中的 17 种，且储量都是世界第一，例如锰、铬、铂、铱、钌等矿藏储量占世界总储量的 80% 以上。能源方面，炎热荒凉的撒哈拉沙漠地下蕴藏着大量可供开采的石油，如非洲北部的利比亚的日平均采油量高达 150 万桶。贵重金属方面，世界上最大的黄金生产国和出口国为南非，生产的黄金约占人类历史上黄金总产量的 2/5，高达 4 万多吨。

上述这些仅仅是冰山一角，除此之外，非洲灿烂的文明史、人类史也是令人汗颜的。人类进化史上从古猿到森林古猿、拉玛古猿、"完全形成的人"——能人、直立人、智人，直到现代人都在非洲大陆上生存过。在遥远的古代，就已经出现了沸腾的生活。世界四大文明古国之一的埃及，就是在尼罗河的孕育下诞生的。在公元前 35 世纪古埃及人已创造了象

❖ 壮观的非洲大陆斑马迁徙

形文字；在公元前 21 世纪左右已能够近乎精确地确定圆周率为 3.16；在公元前 19 世纪已计算出正方形的边长和截头角锥体的体积；在公元前 5000 年，埃及农业已相当繁荣，栽培谷物和兴修水利等技术比较成熟；在公元前 4241 年，精通天文学的埃及人已制定出相当精确的人类最早的太阳历。

Part3 第三章

岩石的成因

我们的地球本来没有土壤，全部是岩层，随着风吹日晒等外力的侵蚀作用，岩石慢慢被风化，而其掉落的碎片粉末慢慢积累，变成了我们人类赖以生存的土壤，那么岩石是怎么形成的呢？

要说岩石是怎么形成的，得先从行星的形成说起。宇宙中存在着超大密度的物质，密度大到人类无法想象，这种物质具有很强的引力，从而变成一个内核，将宇宙中的较小的东西吸附过来，久而久之，就形成了行星。而内核一般由于高压高温作用，全部是熔乳状的物质——岩浆。

❖ 岩石

这些吸附过来的物质慢慢积累在一起，受压力和内核的引力作用，密度慢慢变大，其中的空气逐渐被排挤掉，然后经过漫长的岁月，就形成了岩石。而被排出的空气堆积的地方就会形成一些通道甚至洞穴。

我们大家都接触过岩石，大家都知道岩石是分层的，小小的岩石况且如此，我们的地层也是由岩石构成的，自然也是分层的。这是由于岩石在形成时受地核的引力密度相当的物质所受引力大小一样，所以其附着在地核周围也比较均匀，这就是地层为什么是一层一层的了。我们把这种分层明显的岩石就叫作沉积岩。我们日常所烧的化石燃料就是由于地壳运动使得局部或全部的地表植物被带到了地下，经过漫长的岁月形成的特殊岩层——矿层。

知识小链接

所谓的风化作用是指地球表层岩石受自然界风吹日晒和生物活动而造成的岩石碎片脱落。

岩浆是地核周围甚至地幔里面的熔状的物质，高温、高压是它的特点。当岩浆顺着地幔的缝隙运动喷出地面时，这就是火山喷发了，而流出来的岩浆冷却后会放出大量的热和气体，因此在冷却后在其表面会形成很多的气体通道，这就是玄武岩，也叫喷出型岩浆岩。还有一种岩石是岩浆没有喷出地表在地下冷却形成的，这种岩石比较坚硬，也没有出气孔，密度较大，这就是花岗岩，也叫侵入型岩浆岩。喷出型岩浆岩和侵入性岩浆岩统称为岩浆岩。

还有一种岩石，由于火山喷发时，岩浆要从它的旁边经过，或者距离岩浆较近，因而受到岩浆高温和高压的影响而变为另外一种岩石，因为这种反应是化学性质的，因此这类岩石就叫作变质岩。常见的例子就是我们建筑所用的石灰岩。

而关于土壤的形成则是由于自然界的外力长期作用于岩石的结果，这些外力包括太阳的照射、风力的侵蚀和生物活动的影响。最终，土壤就形成了。

❖ 岩石

Part3 第三章

神秘消失的古大陆

人类的探索欲总是无止境的，那些消亡的土地也最终引起了人们的好奇，探索的步伐从不会停止，神秘的面纱终会被揭起。

人们总是对一些已经消失的东西充满了兴趣，亚特兰蒂斯大陆的消失令人们神往。"姆大陆"，一个传说中的大陆再一次吸引了无数的探险家和科学家。"姆大陆"，传说消失在太平洋，据研究发现，这个古大陆上也许曾经有一段文明的历史。

1868年，英国年轻的陆军上尉乔治·瓦特第一次登上了南亚次大陆。映入眼帘的是印度，一个被维多利亚女王视为帝国生命线的国家，乔治·瓦特发现眼前的印度，绝不是他在书本上看到的那个东方乐园。2800万人的生命被厄尔尼诺带来的大饥荒夺走了，使得这片土地上人烟稀少，而此时英国皇室却全然不知危机的存在，依旧沉醉在狂欢中。

❖ 非人类文明的——姆大陆

乔治·瓦特与一般的英国人不太一样，他对印度社会的混乱一点也不关心，他也并不像其他军人那样凶悍，相反他对人友好，乐于学习，这使他得到了当地人的信赖。乔治·瓦特对东方文化很感兴趣，他的诚意使他得到了当地印度教僧侣的友好对待。一次，乔治·瓦特在一个寺庙里散步，意外发现了一些上面镌刻了奇怪符号的黏土板，对此他很好奇。住持告诉他，这些东西是陶土片，是寺庙世代守护的远古圣物，并且只有主持才可以解读。乔治·瓦特更感兴趣了，他用自己的诚心打动了主持，他们开始成为志同道合的挚友，并开始一起研究这些奇怪的符号。

两年后，乔治·瓦特向外界宣称，他们已经解读了这些黏土板，上面记录的是一个消逝大陆的古老讯息。据他的说法，黏土板是一个叫"神圣兄弟那加尔"的人创作的，原因是他想用这种办法追思他失去的祖国，也就是我们所说的姆大陆。据史学家研究：这个传说中的古大陆，

❖ 姆大陆

幅员辽阔，东起现今夏威夷群岛，南边是斐济、大溪地群岛和复活节岛，西至马里亚纳群岛。据估计，整个大陆东西长 8000 千米，南北宽 5000 千米，总面积约为 3500 万平方千米。

1868 年，乔治·瓦特在太平洋追寻姆大陆的痕迹的基础上，整理成了著名书籍《消逝的大陆》，并在纽约出版，当时引起一片轰动。后来，乔治·瓦特还出版了《姆大陆的宇宙力》《姆大陆的子孙》《姆大陆神圣的刻画符号》等一系列专著。面对这种情况，正统学术界认为他是在做梦，自从 15 世纪哥伦布发现美洲大陆后，地球的疆域基本确定。这个姆大陆根本就是子虚乌有。但还有一部分人接受了他的推断，甚至提出姆文明才是当代人类文明之母。

乔治·瓦特在太平洋寻找姆大陆痕迹时发现了塔普岛的石门、迪安尼岛的石柱、努克喜巴岛的石像、亚摩土群岛的金字塔状祭坛、雅布岛的巨型石币，这些历史遗迹在乔治·瓦特的眼中并不是没有关联的，他把它们在意识里串联成形了。

乔治·瓦特不光对姆大陆感兴趣，还对南马德尔充满了好奇。"南马德

尔"是生活在赤道附近的泰米尔族人的首都。可惜后来沉入了海底。南马德尔是位于波纳帕岛外的一个群岛，位于新几内亚东北约 20 千米处。在那里有很多古文明的遗迹，例如：它的宫殿、城垣、神庙和居民区是由玄武岩构造而成的，它有发达的岛上交通，而且它是由 98 座人工岛和其他一些建筑物组成的，显示出非一般的文明底蕴。

乔治·瓦特觉得姆大陆在海洋中蕴藏着天大的秘密，他坚信姆大陆是一个充满秘密的神奇大陆。同时，他也相信在追寻姆大陆的路上他并不是孤身一人。史学家研究得出结论：姆帝国是地球上第一个大帝国，它坐落在绿意盎然、常年如夏的大地，它的国王叫"拉姆"，"拉"是太阳的代表，"姆"是母亲的代表，因此人们也用"太阳之母的帝国"来称呼姆帝国，他们崇拜宇宙中一个叫"娜拉亚娜"的七尾蛇。

❖ 姆大陆

姆帝国是一个金碧辉煌的国家，它的宫殿墙壁和城市干道都是用金属装饰的，各个城市也都是用石板大道铺就而成的。这里的居民充分运用有力的地理位置组织殖民团向海外发展。卡拉族人带领着第一支殖民团一直向东航行，最后到达南美洲，并在那里创建了"卡拉帝国"。后来，智商非常高的那卡族带团向西边航行，在南亚附近创建了"那卡帝国"。这里的科技水平已经超越了姆帝国，聪明的当地人还发明了飞行船，经常带各种奇珍异宝回姆国。

乔治·瓦特虽然已经去世，但是他的"姆大陆"却引起了无数后辈们的好奇。大家争论不休，大致分成两派：探索派和学院派。探索派根据太平洋群岛存在大量民间传说和古代遗迹，比如南玛塔尔，认为姆大陆确实存在过。而学院派认为太平洋上不可能有如此大的帝国存在，并且所谓的古黏土板世人并没有看见，甚至他们觉得这只是乔治·瓦特的幻想。

第四章
地球并不温和

　　人类的母亲——地球，是一位有个性的母亲，她虽然默默地为人类做出了应有的贡献，但同时也绝不允许人类对她为所欲为。只要人类踩到了她的底线，她就会发一次脾气。

　　在漫长的演变中，地球学会了如何释放自己心中的怒气，如火山喷发、地震、山崩、飓风等。地球发一次脾气，人类就迎来一场灾难，许许多多的生命就消失在这次灾难当中，而且环境也会发生翻天覆地的变化，带来一系列的疾病等。

二氧化碳是温室效应的罪魁祸首吗

因为有了温室大棚，所以我们吃到了许多非时令蔬菜，这是好事情。地球上也有温室效应，使全球温度升高，但这却是一件坏事。

提到全球气候变暖，有一个词是绝对不能忽略的，那就是温室效应。众所周知，地球上的热量来源于太阳，但大部分又被反射回大气层，被大气所吸收。所以低层大气的气温升高，为温室效应奠定了基础。

自然条件下，不会发生温室效应。但因为现代社会的进步，煤炭、石油和天然气等成为普通的燃烧剂，同时工业废气、汽车废气大量排放，大气层中含有过多的二氧化碳。结果这些二氧化碳像一个厚厚的罩子，将热量紧紧地包裹住，阻止其向外层空间逃逸，多余的热量返回地表，所以地球表面温度随之升高。因此，二氧化碳是温室效应的有力推手，被称为"温室气体"。同时人类乱砍滥伐森林、过度放牧、垦殖牧场等，使吸收二氧化碳的植物少了许多，让温室效应更加猖狂。

在很多人的印象当中，二氧化碳是温室气体的不二人选，但美国科学家汉森博士提出了相反的观点。他认为温室气体是碳粒粉尘等物质。煤、柴油等含碳量高的燃料燃烧不充分时会产生大量的碳粒粉尘。而这些碳粒聚集在大气层中，造成云朵堆积，使云层逆反射回地球的热量增高，所以才有了温室效应。而且云层越厚，逆反射回地表

二氧化碳侦测器

142

的热量越多，大家从多云天气闷热的情况明白了这一点。汉森博士针对此种现象，提出了解决方案。他认为提高含碳高的燃料的燃烧率或使用可以再生资源为动力的交通工具，可以避免温室效应。

知识小链接

《气候变化框架公约》，全称《联合国气候变化框架公约》，是联合国政府间谈判委员会就气候变化问题达成的公约，是世界上第一个为控制二氧化碳等温室气体排放而制定的，于1994年生效。

之所以说地球上的温室效应是有害的，那是因为它为人类生活带来一系列的破坏，如气候转变、全球变暖、海平面上升等。温室效应是全球性的问题，温度升高使南北两极的冰层迅速融化，海平面随之升高。如位于北欧的冰岛，面临着被海洋淹没的危机。另外根据世界银行的调查报告显示，海平面上升小小的1米，世界上将有5600万人陷入饥寒交迫中。当然了，作为岛国的日本也逃脱不了灭国的危机。此外，全球气温升高，同时使寒带缩小，温带、热带有不同程度的增大，进而气候发生改变，地球表面的动植物将调整肌体，以适应气候的改变。

针对越来越严重的温室效应，岛国的人们首先站了起来，他们于1995年齐聚一堂，签订了《气候变化框架公约》，以共同防御温室效应。

但也有科学家认为温室效应并非都是坏事，如空气中二氧化碳增多，有利于作物光合作用，提高庄稼的产量。此外，气候变暖，降水也随之增多，广大的荒漠会缩小。

❖ 二氧化碳培养箱

也有科学家认为温室效应模型的相关数据，并不能说明地球温度升高是由温室效应产生的。因为地球是变暖还是变冷还没有肯定的结论。

凡事谋而定，将问题扼杀在摇篮中才是明智的决定。无论温室效应是好还是坏，二氧化碳的增多总会带来一系列的危害，因此应早日做出决策，将温室效应扼杀在摇篮当中。

大地的怒火

火红的岩浆喷射而出，灰蒙蒙的火山灰笼罩着天空，这是火山在喷发，是大地在发火。

地球内部的温度很高，岩石圈以下有一种熔融状态的物质，这就是火山喷发必需的岩浆。这些岩浆可以水平流动，也可上升下沉。如果恰巧流动到地壳薄弱的地方，岩浆就会沿着这些缝隙喷出地表。怒火似的岩浆喷出地表后冷却，形成了火山堆。喷出岩浆的口就是火山口，同时也是火山温度较高的地方。

❖ 火山

火山喷发是一种非常壮观的景观，同时对火山附近的人来说也是一场灾难。岩浆像是一位残酷的杀手，摧毁了所有的东西，这种景象，既壮观又恐怖。火山喷发前有一定的迹象，比如说自来水中有一股浓浓的硫黄味道，水变成了土黄色。

知识小链接

环太平洋火山带，全长4万余千米，有活火山512座，其中尤耶亚科火山是世界上最高的活火山。

火山喷发后的火山口，是雨水的集聚地，也是温泉、泥潭、间歇泉等的集聚地。

火山喷发也有大小之分，5级以上的为大规模爆发，最高为8级。公元79年

❖ 火山

的维苏威火山大爆发，火山灰就将 10 千米远处的庞贝古城掩埋了。再如 1815 年印度尼西亚坦博拉火山爆发，导致 92,000 人死亡，无数家庭妻离子散。

火山一般活跃在板块交界处或新构造运动强烈地带，这些地带最容易形成火山带，如环太平洋火山带、大西洋海岭火

山带等。世界上最大的火山带是环太平洋火山带。

Part4 第四章

大地在咆哮

2008 年 5 月 12 日，四川汶川大地震，让无数家庭家破人亡，现在让许多人仍心有余悸。

古人认为人类惹怒了天神，天神为了惩戒人类才制造了地震。而现在科学表明，地震是地球板块运动的结果。

全球每年大约有 550 万次地震，余震更是数不胜数。有些地震只带来一阵晃动，有些地震天翻地覆，移山造地，为人类带来灾难。同时，地震还会带来滑坡、崩塌，甚至海啸等。

震源，地下岩层断裂和错动的发源地。离震源最近的点是震中。震中是最早震动的地方，同时也是震动最为厉害的地方。破坏性最强烈的区域称极震区，通常情况下，震中的破坏性最大，如汶川大地震，极震区的破坏性为 11 级。地震共有 9 个震级，3 级以下的地震一般对地面没有损害。

❖ 地震后

地震是由多种原因引起的，主要有构造地震、火山地震和诱发地震 3 种，其中以构造地震的威力最大。构造地震是由板块运动引起，岩石圈破裂时，大地会发生剧烈的震动，轻者房塌屋倒，严重者会带来毁灭性的后果。

地震爆发时，从震中向四面八方发出一圈又一圈的冲击波，称为地震波。地震波撞击岩石圈，冲击地表时会带来意想不到的灾难。

地震与火山一样，也是喜欢扎堆的。大板块交界处是地震的最爱，如美洲西海岸的地震带、大洋岛弧地震带等。

知识小链接

汶川大地震，8 级大地震，发生于 2008 年 5 月 12 日 14 时。它是新中国成立以来破坏性最强、波及范围最广的地震。汶川是损害最严重的地区。2009 年起，5 月 12 日是全国防灾减灾日。

为了减少地震带来的损害，很早以前的科学家就开始研究如何预测地震。东汉时期的张衡发明了浑天仪，但也只是在地震发生后才知道某地发生了地震。虽然现代科学技术飞速发展，但是人类依然无法正确预测地震。而地震的发生常常出乎意料，如唐山大地震。

不同级别的地震为人类带来了不同程度的危害，同时损害也与人口密集程度、发达程度有关。如 1976 年中国唐山大地震，唐山市遭到了毁灭性的破坏，24.2 万人失去了生命；1923 年日本关东大地震，死伤人数达 14.3 万人，东京 73% 的房屋被毁。

判断地震大小的是震级，又称里氏震级、里克特震级，共分为 9 级，世界上最大的地震是 8.9 级。

惊天动地的大塌方

> 巨大的石块从山顶轰隆隆地滚落而下，堆积在山脚下，有的滚到更远的地方，这就是山崩。

从山顶滚落而下的石块的速度在 321 千米/小时之上，当然了，山崩并不单单是岩石，同时还有雪、冰，甚至土壤等。据统计，每隔 10 分钟，就有一次山崩发生。山崩比地震更难以预测，无论使用多么敏感的仪器，都无法预测它什么时候、在哪儿发生，规模有多大。山崩也需要满足一定的条件，比如山坡一定要陡峭，土石容易下滑；山上植被少，土石能够下滑等。

一般情况下，山崩发生在连续的大雨之后，雨水渗入地下，土壤疏松易动，同时也增加了土石的重量与下滑力，故而，泥土包裹着岩石，轰隆隆、哗啦啦而来，势不可挡。地震也可以引起山崩，岩土体在地震剧烈的震动下，与母体分离，直奔山脚而来。由地震引起的

❖ 山体塌方

山崩属于自然现象，我们无能无力。但大雨之后的山崩有一部分原因是人为的，比如乱砍滥伐树木、过度开垦无人荒山等。解决山崩最好的办法就是植树造林，保持水土。同时应加强观测监视，禁止山下居民开垦荒山，如发现山体新增裂缝或者偶有小规模岩石下滑，应做好疏散附近居民的工作。

山崩可以造成巨大的灾害，埋没山村、阻塞道路。下滑的岩石滚落在河流中，阻塞河流，甚至导致河流改道等。人在山崩面前非常微小，只能躲避而无法直面迎接。如由山崩形成的堰塞湖，若堰塞湖水位上升则可导致重大洪灾。

雪崩又称雪塌方、雪流沙等。雪崩可以是自然因素引起，也可由人为因素引起。在电影里常有这样的镜头：男主角因为较大的动作导致山顶积雪崩塌，一动而牵全身，相连的积雪争先恐后地直奔山脚而来，速度惊人。有专家统计，约90%的雪崩是由受害者或喜爱登山的旅游者造成的。这类山崩又称人为休闲雪崩。高大山脉的山顶因为气温很低，累年积雪，当积雪内部的内聚力小于它所受到的重力拉引时，便如脱缰的野马一样向下滑动，引起大量雪体崩塌，这就是自然的雪崩。电影《冰河世纪》里，因为小松鼠将一颗松果插进冰壁上，只听见一声清脆的"咔嚓"声，冰川、积雪开始崩塌，动物们开始大逃亡。雪崩并不是一蹴而成的，先是出现一条裂缝，接着，巨大的雪体开始滑动，可达20～30米/秒，速度越来越快，最高可达到97米/秒，雪崩体就像一条几乎是直泻而下的白色雪龙，翻滚着、怒吼着向山下冲去。

知识小链接

雪崩，有白色妖魔之称，对人类的生命和财产会造成无法挽回的损失。雪崩也有一定的规律性，如中国季节性雪崩主要分布在青藏高原边缘及附近山区。20世纪60年代时，中国开始对雪崩进行研究，并且在天山西部建立了中国科学院和雪崩研究站。

❖ 山体塌方

Part4 第四章

海洋在**咆哮**

风卷起滔天的巨浪，屋毁人亡，电影《惊天巨啸》中的情形让观看者无不胆战心惊。

海啸，在中国主要指由海底地震原因而引起的海面异常，由风暴原因引起的海面异常称为风暴潮。海啸是一种灾难性的海浪，只有震源在海底下 50 千米以内、6.5 级以上的海底地震才会引起海啸。在深海大洋中，海啸的波长一般在 200 千米以上，波速可达每小时数百千米，甚至 1000 千米以上。在近海水域，海水可堆积成高达 10 米的水墙，劈头盖脸地砸向滨海陆地，淹没良田和农庄，带走一切可能带走的物品。直到筋疲力尽了，才慢慢地停下脚步。海啸并不是只袭击海岸一次，第一次可能只是它在探路，为了第二次、第三次……也许是它对第一次造成的破坏不满足，需要再来第二次、第三次……海啸波长比海洋的最大深度还要大，轨道运动在海底附近也不会受到多大阻滞，不管海洋有多深，波都可以传播过去。

❖ 印度洋大海啸

破坏性的地震海啸的产生需要满足 3 个条件：其一，地震震源较浅，一般在 50 千米以内，震级在 6.5 级以上；其二，海底有大面积的垂直运动，一般大于 10 万平方千米；其三，发生地震的海域必须有一定的水深，多在

❖ 海啸

1000 米以上。当海底爆发地震时，海底地形被挤压、上升、下降，剧烈的运动使附近的水体产生巨大波动，于是海啸应运而生。但是并不是所有海啸都具备以上 3 个条件，少数破坏力强的海啸并不具备上述 3 个条件，但跨洋大海啸必须具备这 3 个条件。

海啸的传播速度非常快，每小时达 200 千米以上，甚至可达 1000 多千米。海啸如此快的速度并不会对正在深海大洋航行船造成破坏，最多是感觉到微微的波动。因此海啸发生时，越在外海越安全。这就应了中国一句古话，越是危险的地方越安全。

进入大陆架的海啸完全变了一副嘴脸，由于深度急剧变浅，波高骤增，可达 20 ～ 30 米，这种巨浪带来的灾害是毁灭性的。如 1498 年日本东海岛

知识小链接

灾害海啸是滨海地区最猛烈的自然灾害之一，尤以太平洋沿岸最严重，已经有 1400 年的海啸记载。1948 年美国在檀香山组建了地震海洋波警报系统，负责夏威夷州海啸的预警。1996 年政府海洋学委员会成立国际海啸情报中心。后又组建了若干区域或国家的海啸警报中心，共同防御海啸。

❖ 海啸

❖ 海啸

大海啸，最大海浪高 10 ～ 20 米，造成了 41000 人死亡。

海啸来袭之前，会发生一个奇怪的现象，海潮会突然退到离沙滩很远的地方，一段时间之后才重新上涨。简单来说是为了给海啸壮声势。最先到达海岸的是海啸冲击波的波谷，也就是海浪中最低的部分。而波峰还在较远的地方，需要一些时间才能达到海岸。海啸一路狂吼着、翻滚着直奔海岸而来，海底越来越浅，而海啸的威力却越来越大。巨大的浪头以摧枯拉朽之势，越过海岸线，席卷陆地上的一切物体后继续狂奔，海啸过后，房塌屋倒，树木拔根而起……海滩一片狼藉，到处都是残木断垣，到处是人畜的尸体……

海岸工程设施常常是海啸首先攻击的对象，而且这些破坏往往是毁灭性的，比如整个港口的各种设施七零八落，固定在海底的万吨钻井平台被海浪卷向不知名的地方。2004 年发生的印度洋海啸，给印尼、斯里兰卡、泰国、印度、马尔代夫等国造成了巨大的人员伤亡和财产损失。至 2005 年，共有 15.6 万人死亡。

Part4 第四章

摧枯拉朽之势的**风**

> 一阵风旋转着，地上的树叶、尘土被卷入风的中心，慢慢地飞上天空。

飓风、龙卷风、台风都是人们无法抗拒的自然灾害。《中国大百科全书》将发生于西北太平洋和南海最大风速大于或等于 32.7 米/秒的热带气旋称为台风；将发生于北大西洋、加勒比海、墨西哥湾、东北太平洋、南太平洋和东南印度洋的最大风速大于或等于 32.7 米/秒的热带气旋称为飓风。

而龙卷风是地球上风速最大的风，但却没有人确知它的速度到底有多大。因为所有能进入龙卷风的侦测仪器都被它摧毁了。龙卷风的旋涡中心的风力最大，据估算，可达每小时500千米。它不但自己带来巨大的破坏，而且带来的狂风暴雨也会造成巨大的破坏。

❖ 龙卷风

说起龙卷风，大家都不陌生，在美国西部常常有龙卷风的发生。巨大的漏斗，自云中伸向地面，渐渐变窄，形似漏斗云，故又称漏斗云。不仅陆地上有龙卷风（又称陆龙卷），海面上也有龙卷风，称为海龙卷。不过，对人类生命、财产造成无法挽回损失的常常是陆龙卷。

龙卷风不像台风那样波及范围较广。虽然它的范围很小，但却是世界上风速最大的天气系统，也是破坏力最强的风。龙卷风所到之处，所有的东西都会被卷到风心中，刮到不知名的地带。密闭的建筑因为受到强大的压力而爆炸。较弱的龙卷风只破坏房屋的门窗；强大的龙卷风可以把城镇变为废墟，甚至把废墟也清扫干净，好似此地从没有人居住一样。

飓风和台风一样，只是因为产生地点不同，有"恶魔"之称，也有雷暴与旋风之神之称。伴随飓风形成的还有巨大积雨云积聚的云团。慢慢地，发展成低气压而形成浓密的螺旋状云带。风势越来越强，随之飓风眼形成。风眼形成之时，也是飓风破坏力最强的时候。

成熟的飓风中心，有一个巨大的圆形或椭圆形的风眼，大约 30～60 千米。风眼是各种风暴内气压最低的地区，天气非常平静，像是暴风雨前的宁静，令人不由自主地心生不安。当风眼通过时，肆虐的飓风可能会暂时地停歇，甚至会出现短暂的晴空。风眼越小，破坏力越大。

◆ 龙卷风

强烈飓风过境时，树木被连根拔起，房屋被夷为废墟。美国历史上曾发生过十数次的大飓风，如 1900 年袭击得克萨斯州加尔维斯顿的飓风，造成了 8000～12,000 人死亡。事物都有两面性，飓风也不例外，它虽然带来了巨大的破坏，但是同时也带来了丰沛的降雨，解决了干旱地区的旱情。

Part4 第四章

圣明之子

圣明之子并非是某位神明的子女，而是一种特殊的自然现象，其实它还有另外一个名字——厄尔尼诺潮流。

20世纪70年代后，看似逐渐繁华、奔小康的社会，但实际上正因为社会的进步，全世界出现的异常天气增多，而且范围广，灾情重，持续时间长，如1997年长江大水。科学家在世界范围内寻找原因，他们发现这与赤道东太平洋到南美西海岸海水温度剧烈变暖有关。这种现象又称"厄尔尼诺"潮流。

"厄尔尼诺"发生于圣诞节前后，原意是"神童"或"圣明之子"。关于厄尼尔诺暖流还有一个传说：很久以前，居住在秘鲁和厄瓜多尔海岸地区的古印第安人，他们发现到了圣诞节前后，附近的海水比平常格外的热，不久，大雨也随之而来，并有大群的海鸟结队而来。古印第安人向来比较迷信，认为这是神对他们的恩赐，于是称这种反常的温暖潮流为"神童"潮流，也就是"厄尔尼诺"潮流。

❖ **厄尔尼诺潮流**

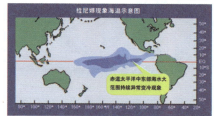

拉尼娜现象海温示意图

赤道太平洋中东部海水大范围持续异常变冷现象

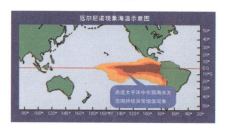

厄尔尼诺现象海温示意图

赤道太平洋中东部海水大范围持续异常增温现象

厄尔尼诺虽然是反常的温暖潮流，但也有一定的周期性，大约每隔7年出现一次。根据海洋记录，20世纪内共发生了26次，平均3.5年发生一次。其中以1997年~1998年发生的厄尔尼诺最为强烈。通过长久的研究，科学家发现它并不是一个孤立的自然现象，只是全球性气候异常的一个方面。正常情况下，秘鲁西海岸的太平洋沿岸地区盛行东南信风，下方冷水上涌，形成了一个大大的天然渔场。而当东南信风减弱时，导致西太平洋的暖水向东回流，东太平洋的冷洋流将被一股暖洋流所代替，海面水温升高。回流的暖流厚达30多米，覆盖在冷洋流之上，大量冷水性的浮游生物遭到灭顶之灾，这就是所谓的厄尔尼诺现象。

知识小链接

暖流，海水温度比流经海域的水温高的海流。一般情况下，从低纬度流向高纬度的是暖流，但并非所有的高纬度洋流都比低纬度低，如北太平洋海流的水温高于加利福尼亚海流的水温。暖流有太平洋的黑潮、东澳大利亚海流、大西洋的湾流等。

20世纪60年代后期，科学家开始研究厄尔尼诺。为了彻底了解厄尔尼诺，他们查阅了自1945年以来30余年的天气档案，发现全球天气异常的同时，"厄尔尼诺"现象都曾发生。厄尔尼诺对中国的影响为华北夏季干旱和东北夏季冷温年份出现次数增多。1972年全球天气异常，热带和亚热带许多地方经历了百年少有的寒流，我国出现了新中国成立以来最严重的一次全国性干旱，非洲突尼斯出现了200年一遇的特大洪水，秘鲁发生了40年来最严重的水灾。1982年底出现的厄尔尼诺暖流，使圣诞岛上的1700多只海鸟不知去向；秘鲁却大雨滂沱，洪水泛滥。到了1983年，美洲、亚洲、非洲和欧洲等国连续发生异常天气。

❖ 厄尔尼诺潮流

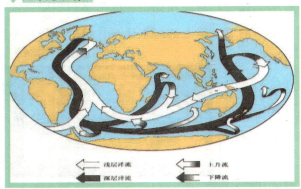

最新的研究成果表明，厄尔尼诺可能是因为水下火山熔岩喷发而引起的。熔岩喷出释放的巨大热量使太平洋海流中的海水增温变暖，导致东太平洋海区水温及海洋潮流方向的改变。

■ Part4 第四章

雨水中恶魔——酸雨

雨水是江河湖泊主要的补给水，无色无味，更是地下淡水资源的来源。可你知道空中还会下酸雨吗？

酸雨是 pH 值小于 5.65 的降雨，是酸沉降的一种。酸沉降是指酸性污染物通过降水、干沉降或雪、雾到达地表。但主要是以酸雨的形式，故一般来讲酸沉降就是酸雨。从酸沉降的定义中我们看出，酸雨是一种污染物降落地表的方式。20 世纪 50 年代起，英国、法国有酸雨降落，不久酸雨的范围逐渐扩大到世界各国。

◆ 酸雨造成的后果

中国的酸雨主要集中在西南、华中、华东三区，其中华中是中国酸雨污染范围最大、中心强度最高的酸雨污染区。中国的酸雨多为硫酸雨，那是因为大量燃烧含硫量高的煤而形成的。此外，小轿车等车辆的普及，使汽车尾气也成为形成酸雨的重要原因。中国一些重工业区已经成为酸雨多发区，人们正在密切关注着酸雨污染的范围和程度，以期找到解决的方法。

❖ 酸雨腐蚀

酸雨是人类面临的最重要的环境问题之一，中国是继欧洲和北美之后的世界第三大酸雨区。酸雨能使湖泊河流酸化。美国也是酸雨污染最严重的国家之一，美国纽约州阿第伦达克山区的51％湖泊的水呈酸性（pH<5），其中90％的湖泊里已经没有鱼生存。再如，瑞典1/5的淡水湖中的鱼和其他生物面临灭顶之灾。1974年英格兰的酸雨，成为世界上最强的酸雨，其pH值达2.4，比食醋还要酸。

并非所有的酸雨都有危害性，如酸性较弱的降水可溶解地面中矿物质，供植物吸收。但若酸雨酸性过高，即pH值降到5.6以下时，就会产生严重危害。它可以直接腐蚀树木、农作物，直接使大片森林、农作物枯萎、死亡；也会使土壤中有机物的分解遭到一定程度的抑制，同时酸雨还能将土壤中的钙、镁、钾等营养元素淋溶，导致土壤日益酸化、贫瘠化；同时，酸雨还可对水生态造成危害，将

❖ 酸雨腐蚀

湖泊、河流等地表水酸化，不仅污染饮水水源，还会溶解土壤和水体底泥中

的重金属，毒害鱼类；酸雨加速许多建筑物、文物古迹、桥梁、水坝及其他重要设施损坏程度。

虽然酸雨已经造成了巨大损失，但影响的程度到底怎样，却是一个争论不休的主题。酸雨最早吸引人眼球的原因是对湖泊和河流中水生物的危害，但酸雨对建筑物、桥梁和设备的危害却是最引人注目的，那是因为这些物体有非常高的价值，如美国纽约港自由女神像。最难界定的是酸雨对人体健康的影响。

酸雨的成分绝大部分是硫酸和硝酸。进入工业社会之后，生产、民用生活燃烧煤炭排放出来的二氧化硫，燃烧石油以及汽车尾气排放出来的氮氧化物增多，经过"云内成雨过程"，形成了含有硫酸和硝酸的雨滴；又经过"云下冲刷过程"，酸雨滴最后降落在地面上，形成了所谓的酸雨。

饱受酸雨折磨的国家经过多年的研究发现，酸雨已成为国际性的环境问题，单靠一个国家的努力是无法彻底解决的，必须团结起来，共同采取对策，

❖ 酸雨腐蚀后的森林

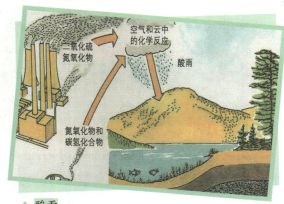

❖ 酸雨

减少硫氧化物和氮氧化物的排放。1979 年联合国欧洲经济委员会的环境部长会议通过了《控制长距离越境空气污染公约》，共有 32 个国家签字，他们共同约定到 1993 年底，缔约国必须将二氧化硫的排放量比 1980 年减少 30%。

　　减少二氧化硫和氮氧化物的排放是控制酸雨的根本措施。目前世界上减少二氧化硫排放量的主要措施有 5 种，分别为①原煤脱硫技术，除去大约 40%～60% 的无机硫；②优先使用低硫燃料，如含硫较低的石油和天然气等；③改进燃煤技术，使煤能够充分燃烧，减少二氧化硫和氮氧化物的排放量；④对煤燃烧后形成的烟气在排放到大气中之前进行烟气脱硫，可惜效果虽好但非常费钱；⑤开发新能源，如太阳能、风能、核能、可燃冰等污染小又可再生的资源。

❖ 酸雨

第五章
保护地球

　　人类自诩是世界上最聪明、最高等的动物，他们利用自己的勤劳和智慧创造了一个又一个的文明，创造了一座又一座的丰碑。但是人类同时也是最易骄傲的动物，他们洋洋自得于自己的聪明才智，并没有注意到正是他们的聪明才会造成大气严重污染，臭氧层被破坏，水资源被污染，水土流失导致滑坡、泥石流频繁，沙尘暴肆意飞扬等，现在的地球已经千疮百孔，伤痕累累。

Part5 第五章

地球警钟在长鸣

2003 年，突如其来的非典让人类陷入了前所未有的恐慌之中，这是地球在向人类抗议、示威。

随着科学技术的进步和生活水平的提高，人类的欲望越来越大，甚至盲目自大，于是人与自然的矛盾显著激化，比如山洪、泥石流、酸雨等，以及因为破坏自然环境而引起的各种稀奇古怪的疾病，这些足以将人类闹得不得安宁，也严重地威胁了人类的生存。某些国家为了获得尽快发展，提高在国际上的发言权和地位，不惜以牺牲环境为代价来达到目的。人类对资源不合理地疯狂开采，以及城市化、工业化进程导致的环境污染等原因，已使地球生态平衡遭到破坏，许多生物因为不适应环境的变化而灭绝。

❖ 山洪

生物圈是由一个环环相连的生物链构成的，如果一条生物链断裂，那么前后相连的生物大都因为不适应而大量减少，甚至灭绝。生物多样性的减少，同时也给人类增加了许多困难，如食物的减少，还有纤维、建筑和家具材料、药物及其他工业原料的不足等，最后将直接威胁人类的生存基础。

沙尘暴是世界各国最为头疼的灾害之一，漫天尘土飞扬，遮天蔽日，空

❖ 山洪

荡荡的街头，整个城市笼罩在黄沙中，生活、工作都受到严重影响。这些都与过度开垦草地，砍伐森林有关。联合国的统计数据表明，全球80％的原始森林已被砍伐殆尽或者遭到破坏，森林正以平均每年20万平方千米的速度消失。全球每年沙漠化的土地有60,000平方千米。另外，因为地面植被破坏，全球每年流失的土壤高达250亿吨，这些土壤被冲入江河后，使河床抬高，水位上升，造成洪水泛滥。如中国的黄河，在开封境内的河床高于地面7米，成为地上悬河。

各种资源短缺和污染伴随着社会文明的进步而来。20世纪以来，全球降水异常，污染严重，而全球用水量比过去增加5倍，淡水资源严重不足，大约有20亿人在饮用已经遭到污染的水。地下淡水资源大量开采，多个城市的地下水已被抽取一空，而地下水的补给又非常缓慢，于是地壳下方成了一个空壳，近年来许多城市出现莫名其妙的塌陷就是因为如此。一些大城市的用水量超大，导致地下水位下降，如北京个别地点下降45米。与此同时，全球的干旱和半干旱土地已增多到5000万平方千米，其中3500万平方千米遭到荒漠化威胁。人类生活废水向近海区的排放，使海水中氮和磷增加了50％～200％，这些物质正是海藻疯狂生长的主凶。海藻的疯狂快速生长使波罗的海、北海、黑海和我国的东海等先后出现赤潮。海藻生长吸收了海水中大量的氧气，使红树林、海草和珊瑚礁等因缺氧、缺少阳光而死亡，近海鱼虾锐减。

目前，全世界已经有60多亿人口，人类为了生存而发展工业，导致大气中二氧化碳、甲烷、一氧化二氮、氯氟碳化合物、四氯化碳和一氧化碳等气体不断增多。结果，臭氧层遭到破坏，大气的组成发生变化，穿透大气层达到地球表面的紫外线增多。日益严重的大气污染给人带来了各种各样的疾病，如呼吸道疾病、心血管疾病等，

❖ 山洪

❖ 山洪

每年因环境污染死亡的人口在30万～70万之间，2000多万儿童感染慢性喉炎。

◆ 海藻

地球发出的警报还有气候变暖。虽然全球气温是否升高还没有定论，但科学家们的观测数据显示，地球的气候呈现逐渐变暖的趋势，冰川也开始出现融化迹象。根据对"欧洲一号"遥感卫星最新测量数据分析表明，南极洲的派恩艾兰冰川正以9.9厘米/年的速度变薄。另外，气候变暖还会影响降雨和大气环流的变化。

世界是进步了，人类生活水平也提高了，但工业固体废物和半固体废物却成为地球的"恶性肿瘤"，割舍不去，还在逐渐蔓延。21世纪初，中国累积堆放的废物达60多亿吨，占地6亿多平方米，各种塑料袋更是满天飞。虽然，中国政府下达各种文件，严令禁止各个企业排放未经处理的污染物，但城市垃圾依然以每年7%左右的速度在递增。工业和生活产生的废弃物，有80%都未经过处理而直接排入了土地和水体，不仅浪费了资源，而且污染了水资源。

知识小链接

废弃物，包括城市垃圾、工业和城市建筑工程排出的废渣及少量废水，大多废弃物经过技术处理可以被循环利用，只是因为技术不纯熟而耗费严重，所以各企业无法承担此高昂费用。废弃物按危害程度分为有害废物和一般废物。

Part5 第五章

人类盛举——世界地球日

每年的 4 月 22 日是世界地球日，在这一天，大家做着保护地球的活动，如绿色出行、植树造林等。

说到世界地球日不得不提到一个人，那就是有"地球日之父"之称的丹尼斯·海斯。他是美国著名的环保主义者，创建了地球日联盟，同时也是全球首次地球日活动的组织者。

世界地球日成立于 1970 年，目的是为了唤起人类爱护地球、保护家园的意识，促进资源开发与环境保护的协调发展，进而改善地球的整体环境。世界地球日的提出者丹尼斯·海斯，是一位贫困家庭的孩子。他的父亲是一名普通的造纸工人，母亲在美容院工作。为什么如此平凡的一个人却提出了造福人类的创意？

❖ 世界地球日

丹尼斯·海斯大学时光是在美国斯坦福大学的工商和法学院度过的，这与环境保护毫不相干。大学的课程对他来说易如反掌，于是他休学 3 年，开始了徒步旅行，足迹踏遍了纳米比亚、西伯利亚和印度等许多国家和地区。人类生活造成的环境恶化和人类的麻木不仁，促使他决定将自己所学到的科学知识应用到人类居住的环境中，以减少环境污染。1969 年，对丹尼斯·海斯来说，是

一个幸运年，正是这一年为他日后闻名于世界奠定了基础。美国民主党参议员盖洛德·纳尔逊在各大学举办有关环境问题的演讲会，丹尼斯听了这些演讲后，心潮澎湃，立即拜见了纳尔逊。纳尔逊听到他的见解后，非常欣喜，鼓励他全力以赴地去组织这项活动。

恰当的时机终于到了，那时丹尼斯·海斯正在哈佛大学法学和政治学院攻读博士学位。经过一年左右的努力，终于

知识小链接

地球日的标志是白色背景上绿色的希腊字母 Θ，这是永恒不变的。但地球日每年的主题是不一样的，各具特色，如2012 年的主题是"珍惜地球资源，转变发展方式——推进找矿突破，保障科学发展"；2011年的主题是"珍惜地球资源，转变发展方式，倡导低碳生活"等。

在 4 月 22 日这一天，在校园发起第一个地球日。这一天，可谓盛况空前，共2000 万人参加了这次盛世活动。众人走向街头，高举着受污染的地球模型、巨型条幅等，到处集会、演讲，呼吁创造一个清洁、简单、和平的生活环境，以期吸引更多人加入。这一天，不仅百姓参加了这次盛会，而且国会的大部分议员也闻讯而去，导致国会当天被迫休会。这次世界地球日的成立还促成了美国国家环保局的成立，也在一定程度上促成了联合国第一次人类环境会

议的召开。

也正是因为这一次盛会，丹尼斯·海斯得到了赏识，先后在史密森研究所和伊利诺伊州政府任职，负责研究制定有关能源方面的政策。他撰写了《希望之光》一书，在书中提出了节约能源和利用太阳能等可再生能源来解决全球日益严重的能源问题的主张。后来，他成为美国能源部太阳能研究所所长。

❖ 世界清洁地球日

世界地球日的成立也让其他国家的环境保护组织仿效，越来越多的环保组织成立。但这些组织都是分散的、孤立存在的。于是，丹尼斯·海斯在1988开始筹办纪念"地球日"20周年的活动，争取使1990年的地球日成为第一个国际性的地球日，以达成全球亿万民众参与保护环境的愿望。为达到此目的，他们进行了一系列的活动，如首先致函中国、美国、英国三国领导人和联合国秘书长，得到他们的支持后，又得到伦敦、巴黎、罗马、波恩、布鲁塞尔等地的活动小组的同意，随后，许多国家和地区纷纷响应。1990 年 4 月 22 日，141 个国家的两亿人参加了"地球日"活动，他们身穿蓝绿两色服

❖ 世界地球日

装，高呼"善待人类的家园"的口号。他们开展了捡拾废纸、塑料袋，严禁随地扔垃圾的活动。

2009 年 4 月 22 日，丹尼斯·海斯的愿望实现了，因为第 63 届联合国大会一致同意将今后每年的 4 月 22 日定为"世界地球日"。

拯救人类的最后一次机会

> 这个世界上没有像蜘蛛侠一样的英雄来拯救地球，但每个人都会成为保护地球的英雄。

哥本哈根世界气候大会，全称是"《联合国气候变化框架公约》第十五次缔约方会议"，2009 年在丹麦首都哥本哈根贝拉中心举行，出席这次会议的有 85 个国家的元首或政府首脑、192 个国家的环境部长，主要商讨《京都议定书》一期承诺到期后的后续方案，历时 13 天，但没有达成一项具有法律约束力的协议。会议将参与国家分为工业国家、发达国家和发展中国家，并规定了每一类国家应当承担的主要责任，如工业国家要以 1990 年的排放量为基础进行削减，承担削减排放温室气体的义务，美国是唯一没有签字的国家。这次会议的焦点是发达国家中的超级大国美国和发展中国家中的中国。

❖ 保护地球从小抓起

这次会议争论最多的问题是责任共担，也是与会各国最为关心的问题，如工业化国家应该减排多少温室气体，像中国、印度这样的主要发展中国家的减排额是多少，他们应如何控制温室气体的排放，发达国家对发展中国家提供的资金和技术支持应该如何履行等。在这次会议当中出现了一些不和谐的小插曲，如英国、美国和丹麦搞出的所谓丹麦提案：即将部分发展中国家列入"最脆弱国家"，单独设立减排目标，企图以此分裂发展中国家阵营。美国气候谈判首席代表托德·斯特恩更是大放厥词："美国政府的公共资金绝不会流向中国。"并且他主张要求中国采取更大力度的减排目标。针对此类事件，中国时任国务院总理温家宝发表了题为《凝聚共识加强合作推进应对气候变化历史进程》的讲话，他强调："中国政府确定减缓温室气体排放的目标是中国根据国情采取的自主行动，不附加任何条件……"

知识小链接

《京都议定书》，全称《联合国气候变化框架公约的京都议定书》，签订于1997年，共有84个国家签署，约定于2005年强制生效，至2009年，共有183个国家签署了该条约。2001年、美国拒绝执行《京东议定书》的规定，退出该协约。10年后，加拿大也退出该条约。

这次会议最后达成了不具有法律约束力的《哥本哈根协议》，虽然没有法律约束力，但基本上确立了"共同但有区别的责任"原则，如俄罗斯总统宣布，到2020年俄罗斯的温室气体排放量将下降25%；欧盟承诺于2020年前减少30%，2050年减排95%，印度环境部长拉梅什宣布，印度将在2020年前将二氧化碳排放量在2005年的基础上削减20%～25%；英国虽然没有承诺减排量，但主张发达国家应该对困难国家给予资金和技术援助等。

❀ 保护地球从小抓起

这次会议被称为是"最小气的和最阔气的会议"，为什么如此矛盾呢？说它小气是因为不仅没有送给与会者礼品袋、公文包、纪念品，就连会场内所有的食物都得自掏腰包购买，不过这正好符合此次会议的主旨，不但没有引来记者的反感，反而迎来了诸多好评。说它阔气是因为会场内安装了4500台笔记本电脑，全都是联想IBM，而且还有几十台电脑配备了话筒、摄像头和Skype软件，供记者打视频电话，最重要的是这些设备都是免费使用的。

Part5 第五章

多样性的**湿地**

中国出版有《湿地百科》一书，目的是让人类更多地了解湿地，保护湿地。

湿地有广义和狭义之分，狭义的湿地就是沼泽，即经常或周期性地水饱和或淹浅水、具有水成土和水生植被的土地。广义的湿地包括地球陆地上的所有水体和海洋中低潮时水深不超过 6 米的近海海域。既有天然的，也有人工的，既有长久性的，也有暂时性的。湿地也包括静止或流动的淡水、半咸水和咸水体，所以湿地具有多样性。湿地土壤称为湿土或水成土，有利于水生植物生长和繁殖，植被是湿地辨认的重要标志。湿地是一种重要的生态系统，沟通了陆地生态系统和水生生态系统，有"地球之肾"的美誉，

❖ 湿地

◆ 湿地

与森林、海洋并称三大生态系统。湿地与人类古文明的发祥地息息相关，如华夏文明发源于黄河流域，印度文明发源于印度河、恒河流域，埃及文明发源于尼罗河流域，神秘的古巴比伦文化发源于幼发拉底河和底格里斯河流域

◆ 湿地

等。为了保护湿地，1971 年由苏联、加拿大、澳大利亚、英国等 36 国签署了《湿地公约》。

湿地在世界范围内均有分布，约占地球表面的 6%，但却是 20% 的已知物种的生存、栖息之地。许多鸟类在每年例行的南飞过程中，离不开湿地，因此湿地又被称为"鸟类的乐园"。

中国的湿地面积在世界上占据第四位，位居亚洲第一。20 世纪后期，因为人口剧增，社会进步，许多湿地被开垦为耕地，湿地面积急剧缩小，物种遭到破坏，许多珍惜鸟类在迁徙途中因为找不到合适的栖息和繁殖地，死亡或后代减少……中国于 1992 年加入了《湿地公约》，至 2009 年，中国列入国际重要湿地名录的湿地已有 37 处。

湿地既然有"地球之肾"的美称，那么它都具有哪些作用呢？①提供水源。湿地可以作为直接利用的水源或补充地下水，是居民生活用水、工业生产用水和农业灌溉用水的重要水源之一。②有效控制洪水。湿地就像一个庞大的胃，具有膨胀的功能，如在暴雨和河流涨水期储存过量

> 湿地植物，生长在沼泽、湿地、泥炭地或水深不超过 6 米的水域中的植物，分为挺水型、浮叶型、沉水型和漂浮型。常见的湿地植物有花叶芦竹、花叶香蒲、水生美人蕉、泽泻、红莲子草等。

的降水，然后均匀地放出，达到有效调控洪水的目的。③保护堤岸，防风。湿地中生长着多种多样的植物，不仅可以抵御海浪、台风和风暴的冲击力，保护海岸，同时它们还具有防止土壤沙化的作用。④天然过滤器。湿地能够分解、净化环境污染物，起到解毒、排毒的作用。如芦苇、水湖莲等能吸收污水中的重金属镉、铜、锌等。⑤野生动物的栖息地。湿地特殊的地理环境，不适合哺乳动物的生存，但却是鸟类、两栖类动物的繁殖、栖息、迁徙和越冬的理想家园。

❖ 湿地

■ Part5 第五章

提倡绿色出行

以前，自行车是我国最普遍的交通工具，深受人们的喜爱。现在，随着空气污染的严重，自行车又成为绿色出行的功臣。

如今，在我国，汽车、摩托车遍布大街小巷，而自行车正在逐渐消失。相反，欧美等发达国家提倡绿色环保，鼓励简单无污染的出行方式。因此，骑自行车外出，越来越受发达国家人们的欢迎。

对于自行车的钟爱，不得不提一个国家的名字——荷兰。荷兰是"自行车王国"，平均每名荷兰人拥有1辆自行车，这个称号是当之无愧的。在荷兰，设立了专门的自行车道，汽车及机动车辆禁止入内。自行车风靡荷兰，因而形成了独特的自行车文化。比如，在自行车道旁，与自行车相关的服务设施随处可见，精彩的自行车比赛更是一道亮丽的风景线，可见荷兰人对自行车的痴迷。骑自行车或者步行不仅环保，还能达到锻炼身体的目的，可以说是两全其美。

❖ 东盟青年绿色使者绿色出行

在荷兰，骑自行车外出活动的荷兰人比例高达30%，自行车已经成为荷兰人时尚的交通工具。如果你去一个荷兰人家里做客，没人会开汽车带你去兜风，而是陪着你一起蹬着自行车一边欣赏路边的风景，一边向着目的地进发。

　　与荷兰一样，丹麦也流行骑自行车。从平民到女王、政府要员，他们都骑着自行车上下班、购物。有这样一个有趣的故事：一天，法国的一个官员到丹麦来访问，他和随行人员乘坐汽车赶到约定的会晤地点。当他到达目的地时，发现了令人震惊的一幕，丹麦的总理和其他人竟然早早地骑着自行车赶到了。

　　早在1995年，丹麦首都哥本哈根市政府首先发起了公共自行车运动，得到了包括国家旅游、环保和文化部门的支持和认同。此后风靡一时的公共自行车运动得到了国家部门和

❖ 绿色出行

著名私人企业的广泛资助。

　　根据丹麦城市街道岔口多、弯曲狭窄的特点，自行车专家设计了一种红黄两色的公共自行车。这种自行车外形简单，材料耐用，使用方便。两个酷似圆盘的实心轱辘和比较宽的大梁，以及前轮上方的锁车装置，这三个部分是最独特的地方。在丹麦，无论什么地点，什么时间，任何人都可以无偿使用公共自行车。公共自行车使用方法：往停车场的自行车车锁上放入20克朗的硬币，就可以在市区内随意使用，只要把车停放到任何一个停车点，锁上车后，就可以把20克朗的押金取走。另外，为了表达对公共自行车资助企业的感谢，设计者把商业广告植入每一辆车的车轮上，为这些爱心企业做了很好的宣传。

　　大多数人可能会认为骑自行车的人都是穷人，事实证明，这纯属无稽之

> **知识小链接**
>
> 自行车，又称脚踏车或单车，以脚踩踏板为动力，分为单人自行车、双人自行车和多人自行车。1791年第一架代步的木马轮小车诞生，这是自行车的雏形。第一辆真正意义上的自行车诞生于1874年，由英国人罗松制造。

❖ 环境日绿色出行

谈。英国运输部近几年来做的全国出行情况调查报告显示，在一年内，高收入者骑自行车次数是低收入者的 2.5 倍，这表明英国高收入者更喜欢骑自行车。随着高收入人群对骑自行车热情的持续升温，英国骑自行车总人数也在不断增加。

环境污染问题已经不是一个国家的事情，而是关系到人类生存的共同问题。世界人民的环保意识总体来说正在逐步提高，自行车对于人们出行来说，是个不错的选择。在德国，骑自行车也是一种时髦和健康的交通工具。据统计，德国骑自行车的人数大约高达 6500 万，因而德国无疑是拥有自行车最多的国家。同时，德国制造出了非常轻便的自行车，以方便市民存放。和古代的骑士一样，现在的自行车车手们，不仅装备齐全，而且个性十足。从头盔、手套到衣裤，这些骑士们都有自己的标志物。骑士们"万马驰骋"，构成了一道美丽的风景线。

❖ 保护环境，绿色出行

Part5 第五章

为世界带来福音的"无车日"

车原本是家庭富裕、社会地位的象征，现在它却成为空气污染的罪魁祸首。

每年的 9 月 22 日是世界"无车日"，在这一天，世界各个城市呼吁减少汽车、摩托车等一切使用普通燃料的车辆的出行。其实，最先倡导"无车日"的是法国。法国是个发达的工业大国，空气污染比较严重，而汽车尾气排放是空气污染的重要原因。所以，1998 年 9 月 22 日，法国的各大城市发起了"无车日"活动。这一活动旨在唤醒人们的环保意识，提倡绿色清洁的出行方式，减少汽车的使用次数，最终换来蓝天白云和有益于市民生命健康的生存环境。出乎意料的是，世界

❖ 世界无车日

各国纷纷效仿法国，开始了这场风靡全球的"无车日"活动。比如，意大利除了在每年的 9 月 22 日这一天，还规定每个月的第二个星期日为"星期天无车日"。与此同时，首都罗马市政府还划定了大约 150 平方千米的"绿色区域"，在这一区域里，除了公交车、出租车、救护车等公共车辆，一切使用普通燃料的机动车辆在上午十点—下午一点禁止入内，而行人和自行车可以自由地通过。

无烟日，每年的 5 月 31 日为"世界无烟日"。流行病学研究表明，吸烟是导致肺癌的首要因素。不断增多的肺癌病人占用了越来越多的医疗资源。为了人类健康发展，故世界卫生组织建立"世界无烟日"。

虽然世界各国各城市都开展了"无车日"，但是真正实现"无车日"的城市少之又少。值得一提的是，处于欧洲中部的内陆小国——列支敦士登是目前世界上首先在每个星期日实现无汽车的国家。列支敦士登政府明确规定，每逢星期日，除了自行车，任何车不得出现在街道上。如果你看到了邮政车或警车，不要以为是随便出行的，这些车想要在街道上行驶也必须经过有关部门的许可。

2000 年，欧盟环境委员会一致通过了将"无车日"活动纳入环境保护政策的范围内的提议，同时将无车日活动扩展为 7 天，即在每年的 9 月 16 日—22 日定期举行。这一提议，得到了欧洲各个城市的广泛支持。2007 年 9 月 16 日—22 日，我国第一次举行了"无车日"活动，此后这一活动形成了惯例。全国各大中等城市纷纷承诺，将继续推行"无车日"活动。目前，汽车等机动车辆的尾气排放是空气污染加重的重要因素。世界各国各地区倡导"无车日"，无疑将大大缓解交通拥堵的状况，降低出行成本，节约能源，改善城市空气质量，为人们提供良好的生活环境，提高生活质量。

❖ 比利时布鲁塞尔"无车日"活动

Part5 第五章

如何迎接 "后石油时代" 的到来

石油是不可再生资源，如果石油枯竭了，人类将如何面对资源紧缺？

石油问题一直是世界各国关注的重大问题，各国为争夺石油资源而挑起的战争也接连不断。然而石油属于不可再生资源，也就是说随着人类的不断开采，石油资源会越来越少，直到完全枯竭。目前，石油价格的飞涨和使用石油带来的环境污染使世界各国面临巨大压力。因而，开发清洁能源和可再生能源成为一个良好的解决方案。

酒精，也就是乙醇，为人们所熟知。目前，人类已经将乙醇作为新型燃料应用于汽车。一方面乙醇属于生物能源，资源丰富，另一方面属于清洁能源，能够大大减轻空气污染，改善空气质量。乙醇的这些优点，使之成为世界各国喜爱的

❖ 燃烧的石油

能源。随着乙醇的不断开发和利用，乙醇替代汽油的时代也越来越近了。据统计，世界上大约有40多个国家开发了以乙醇为燃料的汽车。可以想象，如果没有更好的替代能源的话，未来的世界或许真的是乙醇汽车的世界。

在推行新能源方面，欧洲国家走在最前列。它们正在为迎接"后石油时代"的到来做准备。欧盟委员会在2007年设定了在2020年之前10%的汽油和柴油被生物燃油取代的新目标。这一目标的提出，为欧盟成员国指明了奋

石油，又称原油，属于化石燃料。主要成分是各种烷烃、环烷烃、芳香烃的混合物，是古生植物经过数亿年的地质演变而形成的。石油主要用作燃料，也可作为塑料、杀虫剂等的原料。

斗的方向。其中，瑞典是最先行动起来的国家。瑞典首先通过立法的形式，制定了能源永续发展战略，此后颁布了与这一战略相配套的强制性法律与法规以及财政税收政策，以规范能源合理利用和节约能源。据统计，在瑞典国家能源供应中，石油所占的比例逐步下降，如今只占30%左右。其国家电力生产主要依靠水力和核能，基本上不再使用石油。另外，在能源市场中，再生能源所占的比例也在不断提高；在轿车市场中，混合燃料车所占的比例也达到了10%。瑞典在新能源方面取得的卓越成就，使瑞典无比自豪。

中东地区蕴藏着世界上最丰富的石油资源，那么中东产油国怎么应对"后石油时代"呢？这些石油大国面对严峻的形势，应该会比其他国家从容一些吧？答案是否定的。石油这种不可再生能源总有一天会用光的，如果石油富国再仅仅依靠石油获得财富，他们无疑坐吃山空，坐以待毙。因而，他们也在积极探索开发新能源，为自己的子孙做好长远的打算。

❖ 石油机械

❖ 胜利油田石油开采

石油富国沙特阿拉伯投入大量资金建立了一个可再生能源研究中心，主要用于研究和开发太阳能等可再生能源。阿拉伯联合酋长国也投巨资建立了高达 500 兆瓦发电能力的太阳能发电厂，与此同时，在沿海地区也建设了一些太阳能电站。中东地区常年风沙，因此，如果能够合理利用风能，这将成为一个新的能源开发点。目前，已经有些国家开始利用风能了。阿联酋在首都迪拜斥巨资建设了一项风力发电工程，卡塔尔等国家也在筹备中。除了太阳能和风能，这些石油国也在考虑使用核能。

❖ 石油化工

可见，无论工业大国还是石油富国，都在积极研究新能源，以替代石油，未雨绸缪。在"后石油时代"，谁能开发出一种能够广泛应用的新能源，就能够在未来的激烈竞争中占得一席之地。

Part5 第五章

未来人们使用什么能源

未来是谁的天下？谁掌握未来的能源谁就是这个世界的主宰。那么，未来新的能源是什么呢？

众所周知，传统能源主要是煤、石油、天然气等。可是这些传统能源是不可再生能源，终有用尽的那一天。新能源的出现，让人类的未来更加充满希望。新能源的主要特点是可再生，能够循环利用，因而是人类不断生存发展的宝贵财富。虽然一些新能源还没有得到充分开发和利用，可是正在逐步为人类所认知和使用。例如，过去人们认为，废弃物就是垃圾，不能再用的东西。今天，人们对废弃物有了新的认识，垃圾只不过是放错了位置的资源。从垃圾到资源的观念转变，正是人类认识的提高。废弃物也可以被重复利用，这种资源化利用可以说是新能源技术的一种形式。

❖ 能源电力工业

新能源到底有哪几种形式呢？根据联合国开发计划署的划分，新能源主要有大中型水电、可再生能源和传统生物质能 3 种类型。其中，可再生能源和核能等能源发展潜力非常大。

可再生能源包括海洋能、风能、太阳能等。海洋能发展前景很好，它不仅取之不尽、用之不竭，还不会造成环境污染，可谓是十全十美。据科学家介绍，地球上可利用的海洋能相当于目前世界电产量的 2 倍。这些年，世界

❖ **风力能源**

各国普遍看好它潜在的经济价值，都将它列入新能源的开发计划中。海洋能的开发成本较高，一些技术问题也有待攻破，但是一些国家已经迫不及待地投资建设了。例如，日美英等国家都建成了潮汐电站，正源源不断地往本国输送电力。

有一种东西的外形和冰极其相似，可是它不是冰，它叫"可燃冰"，是一种甲烷和水结合在一起的固体化合物。在低温和高压下，可燃冰并没有什么稀奇，然而在融化后释放的可燃气体则是原来体积的 100 倍。科学家们推测，全球可燃冰的蕴藏量大得惊人。即使把地球上的煤、石油和天然气三者加起来，都没有它多。

还有一种物质叫煤层气，俗称瓦斯，主要成分是 CH_4，它是煤在形成过程中产生的一种可燃性气体。据统计，每吨褐煤形成，就有约 68 立方米煤层气产生；每吨肥煤形成，就有约 130 立方米煤层气产生；每吨无烟煤形成，会有 400 立方米左右煤层气产生。由此可见，煤层气的储量可观，也是一种难得的新能源。可是煤层气在一定浓度内，遇到明火，容易发生爆炸。因而在开发利用煤层气时，应做好安全防范工作。

微生物也是一种新能源。人类以玉米、甘蔗、木薯等植物为原材料，利

❖ 风力能源

❖ 太阳能

用微生物发酵，加工成了可以燃烧的酒精。酒精也就是乙醇，燃烧完全、清洁无污染，其原料丰富易得，成本较低。因而乙醇可以说是市场潜力巨大的新能源。乙醇可以作为汽车燃料，替代汽油，或者稀释汽油，大大减轻空气污染和缓解石油供应紧张的局面。

核能是利用物质的核聚变来获取的巨大能量。如今，核能用途广泛。比如，可以利用核能发电，可以利用核能作为动力，像核潜艇、核动力航母都是以核能为动力的。第四代核能是一种无任何污染的新型核能。正反物质的原子在发生碰撞时，就会产生巨大的冲击波和光辐射能。光辐射能可以转化为热能为人类所利用，只要人类掌握了控制核聚变的强度的关键技术，就能为人类能源史开辟一条康庄大道，为人类做出巨大贡献。